GUIA PRÁTICO DE IMPLEMENTAÇÃO DA LGPD

Daniel Donda

GUIA PRÁTICO DE IMPLEMENTAÇÃO DA LGPD

Conheça estratégias e soluções para adequar sua empresa em conformidade com a Lei

Copyright © 2020 de Daniel Donda
Todos os direitos desta edição reservados à Editora Labrador.

Coordenação editorial
Pamela Oliveira

Preparação de texto
Isabel Silva

Projeto gráfico, diagramação e capa
Felipe Rosa

Revisão
Bonie Santos

Assistência editorial
Gabriela Castro

Imagens de miolo
Daniel Donda
Itzik Gur (www.iconarchive.com)

Dados Internacionais de Catalogação na Publicação (CIP)
Angélica Ilacqua – CRB-8/7057

Donda, Daniel
  Guia prático de implementação da LGPD : conheça estratégias e soluções para adequar sua empresa em conformidade com a Lei / Daniel Donda. – São Paulo : Labrador, 2020.
  144 p.

ISBN 978-65-5625-046-5

1. Proteção de dados – Legislação – Brasil 2. Brasil. [Lei geral de proteção de dados pessoais (2018)] I. Título

20-2519   CDD 342.810858

Índice para catálogo sistemático:
1. Proteção de dados – Legislação – Brasil

5ª reimpressão – 2022

Editora Labrador
Diretor editorial: Daniel Pinsky
Rua Dr. José Elias, 520 – Alto da Lapa
05083-030 – São Paulo – SP
+55 (11) 3641-7446
contato@editoralabrador.com.br
www.editoralabrador.com.br
facebook.com/editoralabrador
instagram.com/editoralabrador

A reprodução de qualquer parte desta obra é ilegal e configura uma apropriação indevida dos direitos intelectuais e patrimoniais do autor.

A editora não é responsável pelo conteúdo deste livro.
O autor conhece os fatos narrados, pelos quais é responsável, assim como se responsabiliza pelos juízos emitidos.

Este livro é dedicado à minha esposa Suzana A. Donda, ao meu filho Felipe Donda e à sua companheira Karoline Cezario e a todos os meus familiares que sempre me apoiaram nos mais diversos projetos ao longo da minha carreira. Agradeço também aos meus companheiros de trabalho e principalmente aos meus queridos amigos que sempre estão ao meu lado, me motivando com comentários, dicas e muitos *likes*.

SUMÁRIO

INTRODUÇÃO 11

A LEI GERAL DE PROTEÇÃO DE DADOS PESSOAIS 13

TUDO O QUE VOCÊ PRECISA SABER SOBRE A LGPD 16
    Fundamento legal para tratamento de dados pessoais 21
    Princípios no tratamento de dados pessoais 21
    Hipóteses para o tratamento de dados pessoais 22

POR ONDE DEVO COMEÇAR? 26
    Comitê para a LGPD 26
    Quem são o controlador e o operador? 28
    Relatório de impacto à proteção de dados pessoais (RIPD) 29
    Preciso de um advogado? 30
    Mapeamento dos dados e práticas de segurança 30

SEGURANÇA DA INFORMAÇÃO 32
    Sistema de gestão de segurança da informação 34

POLÍTICA DE SEGURANÇA DA INFORMAÇÃO (PSI) 36

CICLO DE VIDA DOS DADOS 38
    A coleta de dados 40
    Mapeamento de dados 42
    Coleta de dados via web 45
        Cookies 50

    Website seguro 52
    Banco de dados 54

TRATAMENTO DE DADOS 56
    Segurança no tratamento de dados 57
    Hardening dos servidores 58
    Proteção das estações de trabalho 60
    Criptografia 61
    Softwares de antivírus 62
    VPN 62
    Política de senhas 63
    Autenticação multifator e *passwordless* 64
    Princípio de menor privilégio 66
    Active Directory Red Forest 68
    Controle de acesso 69

AUDITORIA 75
    A importância da auditoria e dos *logs* 75
        Gerenciamento de *logs* 79

ONDE ESTÁ O RISCO? 81
    Identificar ativos 85
    Identificar as possíveis vulnerabilidades 85
    Análise de risco qualitativa 86
    Análise de risco quantitativa 89

GERENCIAMENTO DE VULNERABILIDADES 92
    Plano de recuperação de desastres 93

PRINCIPAIS AMEAÇAS E A LGPD 96
    Engenharia social 99
    Data *exfiltration* 100

Shoulder surfing 100
Dumpster diving 101
Phishing 102
Spear phishing 102
Whaling 103
Man-in-the-middle 103
ARP spoofing 104
DNS spoofing 105
Sniffing 106
Ransomware 106

O TÉRMINO DO TRATAMENTO DE DADOS 108

A NUVEM E A LGPD 111
   Service Organization Controls (SOC) 114
      SOC 1, SOC 2 e SOC 3 114
   Azure e Microsoft 365 117

TREINAMENTOS E CAMPANHAS DE CONSCIENTIZAÇÃO 120

RELATÓRIO DE IMPACTO À PROTEÇÃO DE DADOS PESSOAIS 124

CONCLUSÃO 129

APÊNDICE 131
   Modelo de política de privacidade e uso de dados pessoais 131
      Quais informações a [nome da empresa] coleta? 132
      Como a [nome da empresa] utiliza seus dados? 132
      Exclusão dos dados 133
      Compartilhamento de informações 133
      Atualização da política de privacidade e uso de dados pessoais 134
      Lei aplicável 135

Modelo de declaração de privacidade 135
    Dados pessoais coletados por nós 136
    Como utilizamos seus dados pessoais 137
    Transferência de dados pessoais 138
    Notificação de violação 138
    Destinatários de dados pessoais 138
    Coleta e uso de dados pessoais de crianças 139

BIBLIOGRAFIA 141

INTRODUÇÃO

A Lei n. 13.709/2018, que ficou conhecida como Lei Geral de Proteção de Dados Pessoais (LGPD), entrará em vigor em 3 de maio de 2021, com exceção das sanções, previstas para agosto de 2021 (isso se não houver nenhuma medida provisória que venha a alterar o *vacatio legis*).[1] A LGPD é um marco jurídico regulatório inédito no Brasil e atinge todas as instituições públicas e privadas, que agora terão que se adaptar a essa nova regulamentação, que tem como princípio proteger os direitos fundamentais de liberdade e privacidade dos cidadãos brasileiros.

É certo que essa nova regulamentação traz desafios e oportunidades positivas, principalmente no âmbito de segurança da informação. Agora, empresas de todos os portes devem se preparar para ficar em conformidade e atender aos requisitos legais, e muitas já estão na corrida em busca de entendimento. Portanto, quanto mais cedo você iniciar os procedimentos necessários para a adequação para a lei, mais fácil será adaptar e definir processos de conformidade em sua empresa.

Existem muitos materiais que visam ajudar no entendimento da lei, mas a tarefa mais complexa é compreender como ela pode ser aplicada na prática. Considerando o exposto, este livro tem como objetivo contribuir não somente para o entendimento da lei, mas também na preparação prática, de forma a orientar todos os que hoje estão diante desse novo desafio. Aqui, você irá encon-

---

1. Expressão em latim que significa "vacância da lei", é o prazo legal para uma lei entrar em vigor.

trar explicações de pontos importantes da lei, assim como uma associação de fácil entendimento e quais ações práticas podem ser tomadas para que a sua empresa possa se adequar e estar em conformidade com a nova lei.

Este livro não irá cobrir todos os artigos da LGPD, pois tem como principal função fornecer uma visão de melhores práticas de segurança no ambiente computacional, o que está diretamente relacionado a determinados artigos da lei e ao tratamento de dados.

As informações aqui contidas são frutos de estudos e aplicações práticas que venho vivenciando muito antes de a lei ter sido promulgada, em agosto de 2018. Quando ela surgiu, eu já havia trabalhado com empresas da União Europeia na conformidade da General Data Protection Regulation (GDPR; em português, Regulamento Geral sobre a Proteção de Dados) e, em seguida, criei um pequeno curso online, do qual grande parte do conteúdo do livro foi retirada (você pode conhecer mais sobre o curso no meu website, https://danieldonda.com). Por meio do curso, também descobri as principais dúvidas e necessidades do nosso mercado em relação à lei e, assim como devemos fazer com a LGPD, fui adequando os temas e as ordens e então compilei todo este valioso material. A criação do livro também foi uma demanda dos alunos, pois eles queriam ter como aliado do curso um material de consulta para utilizar no dia a dia em suas empresas.

A LGPD vai muito além do uso de softwares e, como você verá no livro, é possível implementar muitas soluções nativas quando você possui uma infraestrutura Microsoft e *cloud* (nuvem) dos principais *players*. Ainda assim, existem diversos softwares que podem ajudar no processo de conformidade da LGPD. A intenção deste livro é proporcionar ao leitor o conhecimento da existência de soluções para que possa encontrar a mais adequada à sua necessidade.

Boa leitura!

A LEI GERAL DE PROTEÇÃO DE DADOS PESSOAIS

No dia 14 de agosto de 2018, foi promulgada a **Lei n. 13.709**, intitulada Lei Geral de Proteção de Dados Pessoais (LGPD), que altera a Lei n. 12.965, de 23 de abril de 2014, o Marco Civil da Internet. A Medida Provisória (MP) n. 869/2018 alterou a *vacatio legis* da LGPD para 24 meses, ou seja, a data para entrar em vigor passou a ser agosto de 2020, e não mais fevereiro de 2020.

Em 2020, devido à crise global provocada pela pandemia do novo coronavírus (Covid-19), que praticamente parou todas as operações no Brasil e no mundo, foi aprovada uma nova MP para que as empresas não sejam penalizadas por não se adequarem à lei, devido aos reflexos das recomendações de isolamento social, que são parte do combate à pandemia. Portanto, a lei começa a valer somente em 3 de maio de 2021, data que pode sofrer novas alterações, e, apesar de as sanções estarem marcadas para serem aplicadas somente em agosto do mesmo ano, processos judiciais, ações de classe e demais recursos jurídicos já poderão ser iniciados no começo de 2021. Entretanto, é importante ressaltar que a lei já está em vigor desde o dia 28 de dezembro de 2018 quanto aos artigos 55-A, 55-B, 55-C, 55-D, 55-E, 55-F, 55-G, 55-H, 55-I, 55-J, 55-K, 55-L, 58-A e 58-B.

A LGPD não é uma lei muito extensa e tampouco de difícil entendimento. Ela é dividida em dez capítulos e seções, detalhados a seguir:

- Capítulo I – Disposições Preliminares
- Capítulo II – Do Tratamento de Dados Pessoais
  > Seção I – Dos Requisitos para o Tratamento de Dados Pessoais
  > Seção II – Do Tratamento de Dados Pessoais Sensíveis
  > Seção III – Do Tratamento de Dados Pessoais de Crianças e de Adolescentes
  > Seção IV – Do Término do Tratamento de Dados
- Capítulo III – Dos Direitos do Titular
- Capítulo IV – Do Tratamento de Dados Pessoais pelo Poder Público
  > Seção I – Das Regras
  > Seção II – Da Responsabilidade
- Capítulo V – Da Transferência Internacional de Dados
- Capítulo VI – Dos Agentes de Tratamento de Dados Pessoais
  > Seção I – Do Controlador e do Operador
  > Seção II – Do Encarregado pelo Tratamento de Dados Pessoais
  > Seção III – Da Responsabilidade e do Ressarcimento de Danos
- Capítulo VII – Da Segurança e das Boas Práticas
  > Seção I – Da Segurança e do Sigilo de Dados
  > Seção II – Das Boas Práticas e da Governança
- Capítulo VIII – Da Fiscalização
  > Seção I – Das Sanções Administrativas
- Capítulo IX – Da Autoridade Nacional de Proteção de Dados (ANPD) e do Conselho Nacional de Proteção de Dados Pessoais e da Privacidade
  > Seção I – Da Autoridade Nacional de Proteção de Dados (ANPD)

> Seção II – Do Conselho Nacional de Proteção de Dados Pessoais e da Privacidade
- Capítulo X – Disposições Finais e Transitórias[2]

Como a lei foi muito bem dividida em capítulos e seções, fica mais fácil e lógico que o livro seja organizado seguindo essa mesma distribuição. Lembro que o propósito principal desta obra é nortear o leitor para que ele tenha caminhos e pontos de reflexão para aplicar controles e mecanismos e segurança no tratamento dos dados, e assim ficar em conformidade com a LGPD, e não apenas explanar o sentido e o propósito da lei. Dessa maneira, vamos rapidamente conhecer os pontos da lei de forma geral, para simples entendimento, e então poderemos nos aprofundar em temas mais práticos, afinal a área de tecnologia da informação (TI) tem um papel fundamental na proteção de dados.

Apesar de tratarmos diretamente de melhores práticas de segurança da informação, lembro que a lei trata de dados pessoais e dados pessoais sensíveis inclusive nos meios digitais, ou seja, vale até mesmo para os processos de tratamento de dados executados de modo manual.

---

2. Você pode consultar a LGPD no website do governo http://www.planalto.gov.br/ccivil_03/_Ato2015-2018/2018/Lei/L13709.htm.

TUDO O QUE VOCÊ PRECISA SABER SOBRE A LGPD

É importante iniciar este capítulo com uma pesquisa realizada entre fevereiro e março de 2019 pela empresa Serasa Experian para avaliar consumidores e empresas.[3] Esse levantamento contou com 1.564 pessoas e identificou que, para 75% delas, a LGPD é um tema desconhecido ou pouco conhecido. Já entre as 508 empresas pesquisadas, 66% afirmaram que seu conhecimento sobre a lei é médio.

Vamos então explorar a lei para conhecermos os conceitos fundamentais e as terminologias que devem ter especial atenção e que serão utilizadas com muita frequência. É importante compreender os fundamentos e os nossos direitos em relação ao tratamento de dados pessoais, e é imprescindível o conhecimento das obrigações legais atribuídas.

A lei é baseada nos direitos fundamentais de liberdade e de privacidade e no livre desenvolvimento da personalidade da pessoa natural. A lei, se bem aplicada, promoverá o desenvolvimento econômico e tecnológico no Brasil (e é nisso que eu acredito).

No artigo 1º, a lei nos informa que ela se aplica ao **tratamento de dados pessoais**, inclusive nos meios digitais, e isso é importante observar, pois muitas vezes os dados são tratados de modo

---

3. Veja a pesquisa em: https://www.serasaexperian.com.br/blog/o-que-os-consumidores-e-as-empresas-sabem-sobre-lgpd-e-o-que-estao-fazendo-a-respeito.

manual. Muitas vezes, em uma viagem, no momento de fazer o *check-in* em um hotel, sou instruído a preencher um formulário com meus dados pessoais. Talvez essa informação seja convertida para o digital, mas, de qualquer maneira, é um tratamento de dados de uma pessoa natural, um cidadão com direitos e obrigações na esfera civil, e, ainda neste exemplo, o tratamento de dados que vamos entender um pouco mais adiante está sendo feito por uma pessoa jurídica, o hotel. O artigo 1º deixa claro que a lei se aplica ao tratamento de dados que seja feito por pessoa natural, física, ou pessoa jurídica.

Quando menciona "pessoa jurídica", refere-se tanto a de direito público quanto privado:

- **Pessoas jurídicas de direito público** – São entidades ligadas a União, estados, Distrito Federal, territórios, municípios e autarquias como o INSS.
- **Pessoas jurídicas de direito privado** – Dividem-se entre particulares e estatais. As particulares são formadas por iniciativas privadas e constituídas apenas com recursos particulares; já as estatais são aquelas em que houve contribuição do Poder Público para o capital. Como exemplo, temos empresas, fundações, associações (civis, religiosas etc.), cooperativas, partidos políticos e outros.

Portanto, a lei se aplica a todas as empresas e afeta todos os cidadãos brasileiros que tratam dados pessoais. Outro conceito de fundamental importância está no artigo 3º e estabelece a questão territorial. Assim, a lei se aplica quando os dados estiverem sendo tratados em território nacional, ou se os dados tiverem sido coletados em território nacional, independentemente do país onde seja a sede da empresa ou do país onde estejam localizados os dados, sendo uma lei com alcance extraterritorial. Isso é importante no momento de contratação de serviços de computação em nuvem, o que será tratado no capítulo "A nuvem e a LGPD", mais adiante neste livro.

Existem situações em que a lei não se aplica, como na coleta e no tratamento de dados pessoais por pessoa natural e para fins particulares, jornalísticos, artísticos e também para fins exclusivos de segurança pública, defesa nacional, segurança do Estado ou atividades de investigação e repressão de infrações penais.

No artigo 5º da lei, temos a definição de dado pessoal, dado pessoal sensível e dado anonimizado. **Dado pessoal** é qualquer informação relacionada a um indivíduo, uma pessoa natural identificada ou identificável:

- nome, sobrenome;
- data de nascimento;
- CPF, RG, CNH, carteira de trabalho, passaporte, título de eleitor;
- sexo;
- endereço;
- e-mail;
- telefone.

Temos como exemplo "nome", que é um dado de pessoa natural identificada. Por outro lado, temos o dado "e-mail", que pode ser considerado um dado identificável se estiver na forma de nome.sobrenome@empresa.com. Outra situação que podemos ter como dados identificáveis são número de cartão de crédito, endereço de IP e *cookies*. São dados que, mesmo não dizendo muito de maneira isolada, permitem de certo modo identificar o titular.

Dado pessoal sensível se refere a origem racial ou étnica, convicção religiosa, opinião política, filiação a sindicato ou a organização de caráter religioso, filosófico ou político, dado referente à saúde ou à vida sexual, dado genético ou biométrico. Esses dados devem ter uma atenção maior, pois são muito pessoais e podem gerar atos discriminatórios e lesivos.

Dado anonimizado é qualquer dado relativo a um indivíduo que não possa ser identificado, o que acontece no momento do tratamento, quando podemos aplicar recursos técnicos que permitem embaralhar as informações e, se fornecido dessa maneira, o dado perde a possibilidade de associação direta ou indireta a um indivíduo.

Ainda no artigo 5º, a lei define quem é o titular e quem são as pessoas ligadas ao tratamento de dados. O **titular** é o indivíduo possuidor dos dados que são os objetos de tratamento. Em um formulário de cadastro, quando preencho meus dados pessoais para serem armazenados, mesmo em posse da empresa, eu continuo sendo o titular dos dados.

Os **agentes de tratamento** são o controlador e o operador. **Controlador** é a pessoa física ou jurídica (de direito público ou privado) que toma decisões referentes ao tratamento de dados pessoais. É muito importante reconhecer que não precisa ser uma pessoa física: isso significa que empresas, comitês e grupos de trabalho podem desempenhar esse papel.

Operador é a pessoa que realiza o tratamento de dados pessoais em nome do controlador.

Os agentes de tratamento serão juridicamente responsáveis pela segurança e pela privacidade dos dados e os responsáveis por indicar o **encarregado,** que é o canal de comunicação entre o controlador, os titulares dos dados e a Autoridade Nacional de Proteção de Dados (ANPD).

O **tratamento de dados** também está discriminado na lei e, certamente, ao ver a lista a seguir, não é difícil imaginar o quanto ela vai nos impactar em relação a controles de segurança e privacidade. Assim, **tratamento** é toda operação realizada com dados pessoais, como:

- coleta;
- produção;
- recepção;
- classificação;
- utilização;
- acesso;
- reprodução;
- transmissão;
- distribuição;
- processamento;
- arquivamento;
- armazenamento;
- eliminação;
- avaliação ou controle da informação;
- modificação;
- comunicação;
- transferência;
- difusão;
- extração.

Provavelmente, algumas dessas tarefas no tratamento de dados fazem parte do seu dia a dia, e por esse motivo tenho certeza de que os próximos capítulos serão de extrema importância para ajudá-lo na conformidade à lei.

Consentimento é uma das hipóteses que permite o tratamento de dados e deve ser de manifestação livre, informada e inequívoca, pela qual o titular concorda com o tratamento de seus dados pessoais para uma finalidade determinada. Mais adiante, trataremos sobre as hipóteses que autorizam o tratamento de dados pessoais.

Muitos outros pontos e artigos da lei serão citados mais adiante no decorrer deste livro. Quando houver a necessidade de colocar um trecho da lei, ele ficará em destaque da seguinte maneira:

CAPÍTULO I
DISPOSIÇÕES PRELIMINARES

Art. 1º Esta Lei dispõe sobre o tratamento de dados pessoais, inclusive nos meios digitais, por pessoa natural ou por pessoa jurídica de direito público ou privado, com o objetivo de proteger os direitos fundamentais de liberdade e de privacidade e o livre desenvolvimento da personalidade da pessoa natural.

Parágrafo único. As normas gerais contidas nesta Lei são de interesse nacional e devem ser observadas pela União, Estados, Distrito Federal e Municípios.

FUNDAMENTO LEGAL PARA TRATAMENTO DE DADOS PESSOAIS

Estão definidos pela lei, no Capítulo II, Seção I, os requisitos para o tratamento de dados pessoais, mas antes vamos voltar ao artigo 6º do Capítulo I para compreender os princípios que serão utilizados com as hipóteses que lhe fornecerão a base legal para poder tratar os dados pessoais.

Como o objetivo deste livro não é de ampla análise da lei como um todo, apresento mais adiante, ainda neste capítulo, as dez hipóteses, porém com um destaque especial aos incisos I e IX, consentimento do titular dos dados e o legítimo interesse do controlador, pois entendo que estes serão mais utilizados para fundamentar o tratamento de dados.

PRINCÍPIOS NO TRATAMENTO DE DADOS PESSOAIS

No artigo 6º da lei, temos dez princípios de boa-fé que devemos levar em consideração no tratamento de dados pessoais:

Art. 6º As atividades de tratamento de dados pessoais deverão observar a boa-fé e os seguintes princípios:

- **Finalidade** – propósito legítimo da coleta e do tratamento de dados informados ao titular.
- **Adequação** – o tratamento deve ser compatível com a finalidade.
- **Necessidade** – limitar o tratamento ao mínimo necessário.
- **Livre acesso** – garantir ao titular consulta (gratuita), duração e integralidade dos seus dados.
- **Qualidade dos dados** – exatidão, clareza e relevância dos dados de acordo com a necessidade e para cumprir a finalidade.
- **Transparência** – garantir aos titulares informações claras, precisas e facilmente acessíveis sobre a realização do tratamento e os respectivos agentes de tratamento.
- **Segurança** – adotar medidas técnicas e administrativas aptas a proteger os dados pessoais de acessos não autorizados e de situações acidentais ou ilícitas de destruição, perda, alteração, comunicação ou difusão.
- **Prevenção** – adotar medidas para prevenir a ocorrência de danos.
- **Não discriminação** – não permitir a realização do tratamento para fins discriminatórios ilícitos ou abusivos.
- **Responsabilização e prestação de contas** – demonstrar a adoção de medidas eficazes e capazes de comprovar o cumprimento das normas de proteção de dados pessoais e, inclusive, da eficácia dessas medidas.

Tendo conhecimento desses princípios, é então a hora de entender em quais hipóteses é permitido o tratamento de dados pessoais, e isso está definido no artigo 7º da lei.

HIPÓTESES PARA O TRATAMENTO DE DADOS PESSOAIS

As hipóteses são as bases legais que encontramos no Capítulo II, "Do Tratamento de Dados Pessoais", Seção II, "Dos Requisitos para o Tratamento de Dados Pessoais", no artigo 7º, e que permitem tratar dados pessoais. Qualquer tratamento sem alguma das bases a seguir é ilícito.

Este livro dá destaque a duas hipóteses mais voltadas ao nosso cenário comercial, e, certamente, a hipótese que mais gera dúvidas é aquela em que a empresa poderá tratar dados mediante consentimento do titular, e é importante dar uma atenção especial a ela, pois cabe ao controlador o ônus da prova de que o consentimento foi obtido em conformidade. Mais adiante, nos próximos capítulos, teremos esses pontos mais esclarecidos.

Essas hipóteses não são hierárquicas e tampouco possuem ordem de preferência. Todas as hipóteses a seguir legitimam o tratamento de dados desde que sejam observados e levados em consideração os princípios previstos na lei.

> Art. 7º O tratamento de dados pessoais somente poderá ser realizado nas seguintes hipóteses:
> I - mediante o fornecimento de consentimento pelo titular;

Certamente essa é a hipótese que mais será utilizada, e ela vem com alguns requisitos importantes que se relacionam com os princípios já citados, por exemplo, que o consentimento deve ser de manifestação livre, ou seja, o titular deve escolher se deseja ou não consentir. As informações sobre como serão tratados os dados devem ser claras e não deixar nenhuma dúvida, assim como não se permite o "vício de consentimento". No caso de crianças e adolescentes, o consentimento deve ser dado por pelo menos um dos pais ou o responsável. Em caso de dados pessoais sensíveis, deve estar especificado claramente qual é a finalidade do tratamento. Se houver modificações no tratamento de dados já coletados e que não haviam sido especificadas anteriormente, é necessária nova solicitação de consentimento para o titular. Atenção ao artigo 5º:

> Artigo 5º, XII - consentimento: manifestação livre, informada e inequívoca pela qual o titular concorda com o tratamento de seus dados pessoais para uma finalidade determinada;

O consentimento deverá então ser fornecido por escrito ou por outro meio que demonstre a manifestação de vontade do titular. Um claro exemplo desse tipo de manifestação é quando existe a necessidade de coleta de dados a partir de um website, em que a empresa deverá adotar o texto de consentimento e incluir uma *checkbox* que o titular irá marcar para expressar o consentimento. Essa *checkbox* não pode, de forma alguma, estar pré-marcada, e o titular deverá clicar nela para manifestar o seu consentimento.

Voltando ao artigo 7º:

> II - para o cumprimento de obrigação legal ou regulatória pelo controlador;
> III - pela administração pública, para o tratamento e uso compartilhado de dados necessários à execução de políticas públicas previstas em leis e regulamentos ou respaldadas em contratos, convênios ou instrumentos congêneres [...]
> IV - para a realização de estudos por órgão de pesquisa [como o IBGE] [...]
> V - quando necessário para a execução de contrato ou de procedimentos preliminares relacionados a contrato do qual seja parte o titular, a pedido do titular dos dados;
> VI - para o exercício regular de direitos em processo judicial, administrativo ou arbitral [...]

> VII - para a proteção da vida ou da incolumidade física do titular ou de terceiro;
> VIII - para a tutela da saúde, exclusivamente, em procedimento realizado por profissionais de saúde, serviços de saúde ou autoridade sanitária;
> **IX - quando necessário para atender aos interesses legítimos do controlador ou de terceiro, exceto no caso de prevalecerem direitos e liberdades fundamentais do titular que exijam a proteção dos dados pessoais.** (grifo meu)
> X - para a proteção do crédito, inclusive quanto ao disposto na legislação pertinente.

Essas são, sem dúvida, as hipóteses que mais serão utilizadas para fundamentar o tratamento de dados pessoais. Principalmente pelo fato de que, para alguns cenários de negócios, será muito complexa a aplicação de mecanismos para o consentimento do titular.

Um simples e bom exemplo de legítimo interesse é a criação de uma base de dados de clientes para que a empresa possa fazer ofertas mais adequadas e/ou personalizadas para os seus clientes, isso desde que utilizando os dados apenas para essa finalidade, pois está bem descrito no parágrafo 1º do artigo 10. Porém, essa hipótese gera muita discussão, pois existem muitas interpretações para ela. Talvez seja interessante analisar se nenhuma das outras hipóteses previstas possa atender melhor à necessidade.

Sem dúvida, é complexa a aplicação dos interesses legítimos como fundamento legal para tratamento de dados pessoais e, por isso, o apoio especializado de profissionais da área será fundamental neste ponto para mitigar o risco de ilicitude.

POR ONDE DEVO COMEÇAR?

Essa é a pergunta que eu mais recebo de meus seguidores, clientes e colegas, e acredito que muitos também acabam se questionando sobre isso ao ler sobre a LGPD. Já adianto que a resposta é simples, mas a execução pode ser complexa. A partir de agora, o livro se torna um **guia técnico de recursos e soluções** que pode ajudar você e seu time a tomarem as melhores decisões para ficarem em conformidade com a LGPD.

Eu acredito que a melhor maneira de ficar em conformidade com a LGPD seja:

- criar um comitê (governança) para análise e tomadas de decisão;
- designar um DPO (oficial de proteção de dados);
- mapear e entender o ciclo de vida dos dados;
- adotar regulamentações e padrões de segurança da informação;
- auditar e monitorar o ambiente;
- criar um relatório de impacto à proteção de dados pessoais;
- criar um plano de ação para situações de emergência.

COMITÊ PARA A LGPD

Antes de iniciar as questões técnicas, é importante definir um comitê ou grupo de trabalho e delimitar suas funções. Hoje, a lei abre espaço para um novo perfil profissional, que é o **Data**

Protection Officer (DPO), profissional de extrema importância, pois tem conhecimento sobre como deve ser executada a proteção de dados pessoais e sobre as regras e os regulamentos brasileiros em matéria de privacidade e proteção dos dados em ambiente corporativo. Esse profissional pode liderar o comitê, de modo que possa organizar as ações de proteção e análise dos dados, bem como treinar a empresa para que tenha a disciplina e saiba como atender aos requisitos necessários ao tratar dados pessoais e, é claro, para não sair da conformidade. O DPO também tem a tarefa de executar auditorias regulares baseadas nos pontos mais importantes da lei.

"Sou obrigado a ter um DPO na minha empresa?" Muitas empresas pequenas não poderão efetuar contratações de novos funcionários e, apesar de ser muito importante a função do DPO no processo de conformidade, é possível designar um profissional competente com conhecimentos avançados de proteção de dados para exercer a mesma função. Esse grupo de trabalho que tem como responsabilidade a análise e a proteção dos dados deve contar com a participação de membros de diversas áreas, principalmente os líderes dos setores que estão diretamente ligados ao tratamento de dados na corporação.

A LGPD considera, no artigo 5º:

> VI - controlador: pessoa natural ou jurídica, de direito público ou privado, a quem competem as decisões referentes ao tratamento de dados pessoais;
> VII - operador: pessoa natural ou jurídica, de direito público ou privado, que realiza o tratamento de dados pessoais em nome do controlador;
> VIII - encarregado: pessoa indicada pelo controlador e operador para atuar como canal de comunicação entre o con-

> trolador, os titulares dos dados e a Autoridade Nacional de Proteção de Dados (ANPD);
> IX - agentes de tratamento: o controlador e o operador;

Entende-se que os agentes de tratamento de dados, em razão das infrações cometidas às normas previstas na lei, ficam sujeitos a sanções administrativas aplicáveis pela autoridade nacional, a ANPD. Muitos ficam preocupados com a definição do controlador, pensando nele como uma pessoa, um técnico responsável, porém o controlador pode ser pessoa física ou jurídica, de direito público (governo) ou privado (empresa), **portanto, pode ser uma empresa, e não uma pessoa contratada.**

QUEM SÃO O CONTROLADOR E O OPERADOR?

Isso é algo que vem gerando muitas dúvidas e vamos entender agora o papel de cada um desses agentes apresentados na LGPD tomando como exemplo uma situação muito simples e comum: uma empresa possui um corpo de profissionais de tecnologia que é liderado por um **Chief Information Officer** (**CIO**; algumas empresas podem ter uma organização diferente, com outros cargos gerenciais) que decide adotar serviços de nuvem para armazenamento de dados. Se a empresa não tiver essa equipe, cabe ao executivo, com o profissional de TI, decidir qual provedor será utilizado. Lembre-se desta frase:

> O controlador é a empresa que decide qual provedor usar, enquanto o operador é o "provedor de serviço de *cloud*".

Neste momento, utilizamos um exemplo de provedor de recursos na internet; mais adiante no livro, vou tratar de provedores de serviços diversos na nuvem, mas a ideia é a mesma. Usarei como exemplo provedores como o GoDaddy, que eu utilizo, portanto sou cliente, e como cliente sou o controlador da utilização e do armazenamento dos dados. O GoDaddy somente os processa de acordo com os termos do "Adendo ao processamento de dados (clientes)"[4] e é a isso que eu devo me atentar como controlador. Preciso ter certeza de que a empresa que escolhi para tratar os dados (operador) tenha os controles e recursos de segurança, assim como políticas voltadas à privacidade.

Vale lembrar que as empresas muitas vezes são muito complexas em suas operações e cada área ou departamento terá independência nas tomadas de decisão, o que vai afetar ainda mais a forma de aplicar conformidade. Por outro lado, podemos ter situações como as de pequenas empresas e imaginar o controlador como o gerente de TI comprando uma tecnologia de *backup* sem criptografia, e o operador como o responsável pelo *backup* dos dados pessoais executando diariamente a cópia desses dados sem o compromisso de segurança, pois essa foi a tomada de decisão do gerente de TI.

RELATÓRIO DE IMPACTO À PROTEÇÃO DE DADOS PESSOAIS (RIPD)

O relatório de impacto à proteção de dados pessoais (RIPD) também conhecido como **Data Protection Impact Assessment (DPIA)** é um documento de valor legal e deve detalhar todos os processos de tratamento pelos quais os dados pessoais passam durante o seu ciclo de vida. Ele deve conter os riscos e controles de segurança aplicados. Ou seja, é um documento que exibe um panorama do tratamento de dados na sua empresa, e a criação desse documento pode ajudar a identificar pontos de atenção no processo de conformidade.

---

4. Acesse o adendo em: https://br.godaddy.com/legal/agreements/data-processing-addendum.

Iniciar a criação desse relatório enquanto o processo de conformidade está sendo aplicado é uma maneira de garantir que todos os requisitos legais estejam sendo cumpridos.

Esse relatório é uma obrigação legal, mesmo que talvez nunca seja requisitado. Eu trato mais adiante sobre o DPIA, no capítulo "Relatório de impacto à proteção de dados pessoais (RIPD)".

PRECISO DE UM ADVOGADO?

Sim! O apoio jurídico será importante e necessário principalmente para adequação de contratos, entendimento legal e correto da forma como se coletam os dados, revisão de termos de consentimento, revisão de documentos que porventura venham a ser exigidos por lei e também, algo que vejo como de extrema importância, questões jurídicas relacionadas à política de segurança da informação (PSI), tema que tratarei mais adiante no capítulo de mesmo nome.

MAPEAMENTO DOS DADOS E PRÁTICAS DE SEGURANÇA

Esse é o propósito deste livro, e até o fim dele vamos tratar sobre temas de segurança da informação e sobre técnicas, recursos e soluções que possam ser adotados. Para iniciar o processo de descoberta e avaliação de forma adequada, será necessária uma investigação para entender como é o fluxo de tratamento de dados em sua empresa.

> O artigo 5º considera tratamento operações como coleta, produção, recepção, classificação, utilização, acesso, reprodução, transmissão, distribuição, processamento, arquivamento, armazenamento, eliminação, avaliação ou controle da informação, modificação, comunicação, transferência, difusão ou extração.

A tarefa de mapear os dados sensíveis deve ser feita para ajudar a identificar quais controles de segurança devem ser adotados na proteção dessas informações. Do ponto de vista técnico do tratamento de dados e pensando na complexidade dos ambientes atuais, é interessante dividir as ações da seguinte maneira:

- identificar o fluxo de tratamento de dados (ciclo de vida de dados);
- avaliar se é realmente necessário o armazenamento desses dados;
- identificar e controlar os acessos;
- mapear os controles de segurança aplicados na proteção dessas informações;
- analisar o risco, identificar possíveis vulnerabilidades, determinar a probabilidade de uma ameaça e explorar uma vulnerabilidade existente;
- monitorar o tratamento dos dados, quem está acessando e de onde, quais ações estão acontecendo, a fim de detectar atividades suspeitas ou acessos não autorizados;
- manter o ambiente em conformidade.

SEGURANÇA DA INFORMAÇÃO

Recentemente, me perguntaram se é difícil manter a empresa em conformidade com a LGPD. Eu disse que não é, pois o processo de a empresa estar em conformidade é, em sua maioria, ter os controles de segurança de proteção em dia, o que é comum e conhecido e já deveria estar aplicado, mas, para fins da lei, devemos ter alguns cuidados a mais, principalmente no que diz respeito à privacidade dos dados pessoais.

Poucas empresas investem pesado em segurança da informação, e precisamos lembrar que a proteção da informação é abrangente e atinge todos os setores e recursos da empresa. A segurança da informação deve garantir:

- confidencialidade;
- integridade;
- disponibilidade;
- autenticidade;
- legalidade.

Com foco na LGPD, é ainda mais fácil entender onde cada um desses pilares se encaixa.

Confidencialidade garante que somente as pessoas autorizadas tenham acesso à informação e, no nosso caso, aos dados pessoais ou dados pessoais sensíveis, e isso é possível por meio de aplicações de controle como:

- permissões de acesso ao banco de dados;
- permissão NTFS e de compartilhamento;
- criptografia (no melhor sentido de confidencialidade, e vale para dados em descanso ou em trânsito), por exemplo, sistemas de arquivos, de banco de dados, de comunicação;
- permissões de acesso a recursos online (Sharepoint, OneDrive, Teams etc.).

Integridade é a garantia de que a informação não será manipulada nem alterada e de que é possível confiar nela, por estar íntegra. E, do mesmo modo, quando estamos pensando na LGPD, temos que levar em consideração:

- a integridade dos *logs* armazenados;
- a integridade das informações armazenadas e em trânsito (vale também para produção ou *backup*);
- a integridade dos mecanismos de proteção.

Disponibilidade é a garantia de que a informação estará acessível sempre que necessário e seguindo os pilares de Confidencialidade e Integridade. Isso é importante em vários cenários, principalmente na implantação de sistemas (alta disponibilidade) como *clusters*, no plano de recuperação de desastre, e no plano de continuidade de negócios.

Autenticidade é de extrema importância agora com a LGPD, pois é o que garante o não repúdio pela identidade. A autenticidade garante que as pessoas envolvidas em determinadas ações relacionadas a dados pessoais sejam identificadas de maneira incontestável por meio de mecanismos como assinatura digital ou biometria. Para alcançar com sucesso a autenticidade, podemos implementar mecanismos como soluções de gerenciamento de identidade e infraestrutura de chaves públicas e privadas.

Legalidade é o principal foco agora, pois tudo relacionado ao tratamento de dados pessoais e dados pessoais sensíveis deve seguir as leis vigentes do local ou país e, no nosso caso, a LGPD.

SISTEMA DE GESTÃO DE SEGURANÇA DA INFORMAÇÃO

Provavelmente, a empresa em que você trabalha possui um sistema de gestão de segurança da informação, que nada mais é do que a adoção de um processo para estabelecer e implementar a segurança dentro de uma organização a fim de estabelecer confidencialidade, integridade e disponibilidade. Faz parte do time de gestão de segurança da informação:

- criar uma política de segurança da informação;
- coordenar as atividades de segurança da informação;
- fazer a gestão de ativos;
- proteger e classificar a informação;
- garantir a segurança lógica e física do ambiente;
- acompanhar a gestão de mudanças;
- gerenciar a segurança e o controle de acesso;
- detectar atividades não autorizadas por meio do monitoramento do ambiente;
- fazer a análise de vulnerabilidades;
- fazer a gestão de incidentes de segurança;
- implementar um plano de continuidade do negócio;
- manter conformidade com normas e leis.

A melhor maneira de implementar um sistema de gestão de segurança da informação é seguindo a família de normas ABNT NBR ISO/IEC 27000, por exemplo:

- **ISO/IEC 27000** – Princípios e Vocabulário: esse documento define a nomenclatura utilizada nas normas da família 27000.

- **ISO/IEC 27001** – Tecnologia da Informação – Técnicas de segurança – Sistemas de Gestão de Segurança da Informação – Requisitos: única norma da família 27000 que permite a certificação acreditada, todas as demais normas são apenas guias de boas práticas.
- **ISO/IEC 27002** – Tecnologia da informação - Técnicas de segurança - Código de prática para controles de segurança da informação.
- **ISO/IEC 27003** – Tecnologia da informação - Técnicas de Segurança - Sistemas de gestão de segurança da informação - Guia de Boas Práticas.
- **ISO/IEC 27004** – Tecnologia da informação - Técnicas de segurança - Gestão da segurança da informação - Monitorização, medição, análise e avaliação.
- **ISO/IEC 27005** – Tecnologia da informação - Técnicas de segurança - Gestão de risco da segurança da informação.

POLÍTICA DE SEGURANÇA DA INFORMAÇÃO (PSI)

A política de segurança da informação (PSI) é um documento que tem como função orientar e estabelecer diretrizes sobre a proteção da informação. A PSI pode ser criada com base nas recomendações propostas pela norma ABNT NBR ISO/IEC 27001 e deve conter regras e diretrizes a fim de orientar os funcionários sobre os padrões de segurança adotados e obrigatórios na empresa (em certas corporações, a PSI pode se estender a clientes e fornecedores). É muito importante que a política de segurança da informação seja criada com base no desenvolvimento de um comportamento ético e profissional dos funcionários, a fim de garantir a manutenção da integridade, a confidencialidade e a disponibilidade das informações.

Uma boa política de segurança da informação é dividida em três camadas:

- **estratégica**: define as diretrizes e os planos;
- **tática**: define a padronização (normas);
- **operacional**: define os procedimentos dos processos.

Uma política de segurança deve ser fácil de entender, afinal ela deve ser criada para entendimento de todos, e não apenas de especialistas em SI, caso contrário ela não será posta em prática. Além disso, a PSI deve ser possível de executar, com regras claras e objetivas, e deve ser aprovada no mais alto nível da hierarquia da empresa. Os funcionários deverão entender que as regras serão implementadas com rigor e energia passíveis de sanções para os que ousarem violá-las, e sem essa condição logo haverá muitas exceções.

Agora é um bom momento para revisar e atualizar a PSI e adicionar uma Política de Tratamento de Dados Pessoais.

Aqui, você está conhecendo como podemos ficar em conformidade com a LGPD por meio da aplicação de controles de segurança. O tratamento de dados deve ser revisto e todos devem estar cientes; afinal, não atender ao que está previsto na lei é uma violação legal sujeita a sanções.

Você pode criar um documento a parte ou adicionar em sua PSI já existente pontos importantes sobre o tratamento de dados pessoais, indicando o que é a LGPD, quais as responsabilidades dos envolvidos, quais os níveis de acesso e o uso permitido das informações, se é permitido ou não fornecer dados a terceiros etc. Abordarei o tema no capítulo "Treinamentos e campanhas de conscientização", tópicos tão importantes quanto aceitar uma política documentada.

CICLO DE VIDA DOS DADOS

Entender e documentar o ciclo de vida dos dados na sua empresa é vital para o desenvolvimento do processo de adequação. É acompanhar e entender tudo o que acontece com os dados desde a criação ou o recebimento até sua exclusão. O ciclo de vida dos dados envolve muito mais do que o simples gráfico mostrado na Figura 1: envolve coleta, produção, recepção, classificação, utilização, acesso, reprodução, transmissão, distribuição, processamento, arquivamento, armazenamento, eliminação, modificação etc.

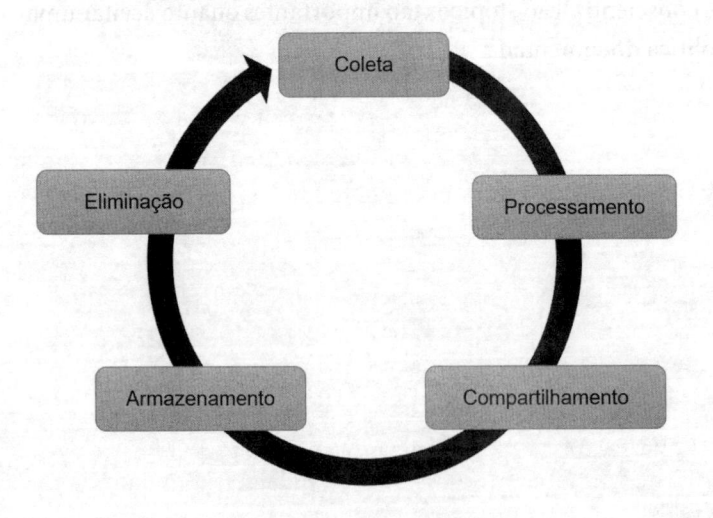

Figura 1 – Gráfico do ciclo de vida.

O que antes acontecia indiscriminadamente agora deve obedecer à lei, que determina que certos dados somente podem ser tratados seguindo os princípios da LGPD, e isso vale para todo o tratamento de dados no ciclo. Por isso, é importante o conhecimento de como o ciclo ocorre na empresa para que sejam tomadas as medidas necessárias.

É necessário saber quem tem acesso aos dados durante a fase de processamento e se essas pessoas possuem conhecimento de sua responsabilidade em relação às obrigações que a empresa agora possui.

Ações como compartilhamento de dados devem ser revistas para que estejam em conformidade com a lei. Um caso comum é quando o dado foi coletado mediante o fornecimento de consentimento pelo titular, que também deverá obter consentimento específico do titular para esse fim (compartilhamento).

> **CAPÍTULO II**
> **DO TRATAMENTO DE DADOS PESSOAIS**
>
> Seção I
> Dos Requisitos para o Tratamento de Dados Pessoais [...]
> Art. 7º O tratamento de dados pessoais somente poderá ser realizado nas seguintes hipóteses: [...]
> § 5º O controlador que obteve o consentimento referido no inciso I do caput deste artigo que necessitar comunicar ou compartilhar dados pessoais com outros controladores deverá obter consentimento específico do titular para esse fim, ressalvadas as hipóteses de dispensa do consentimento previstas nesta Lei.

O armazenamento dos dados e outros tratamentos serão discutidos mais adiante. Isso inclui os dados que estão sendo utilizados ou que estão arquivados em *backup*.

Será levada em consideração a segurança dessa informação, que inclui a proteção de servidores, a criptografia dos discos e dos *backups*, o controle de acesso e a recuperação contra desastres.

O término do tratamento é outro ponto importante, e a partir do entendimento do ciclo de vida e do mapeamento dos dados será possível determinar quando os dados deixarão de ser necessários, o que, por lei, exige que sejam eliminados para ajudar a identificar quais dados estão em posse da empresa sem que exista um propósito. Por isso, não é mais necessário o seu armazenamento.

A COLETA DE DADOS

Os dados pessoais podem ser coletados para tratamento de várias maneiras e em vários cenários. É claro que não é a intenção deste material descrever os cenários, mas sim expor quais os cuidados que sua empresa deverá tomar a partir de agora. Vamos entender nesta seção os controles de segurança que devem ser adotados para determinadas situações de coleta de dados.

Uma das principais e mais complexas tarefas para a conformidade com a LGPD é a identificação inicial da coleta dos dados para a definição de um plano de gerenciamento de seu ciclo de vida.

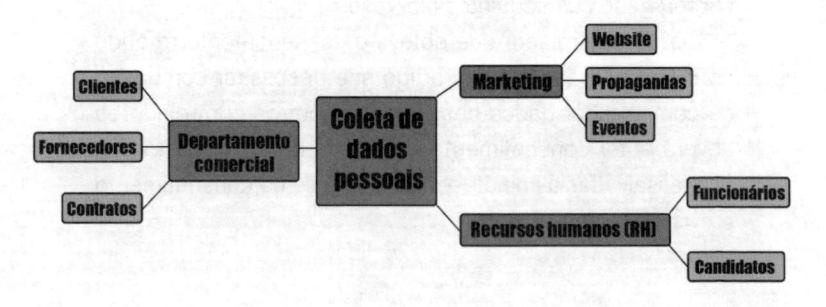

Figura 2 – Coleta dos dados.

Os dados pessoais podem ser coletados por meio de uma folha de cadastro na qual o titular escreve o que se pede, e isso pode ficar armazenado em pastas e armários ou se transformar em informações digitais. A lei se aplica a todos os meios, físicos e digitais. É necessário identificar os pontos de entrada e os métodos utilizados na coleta dessas informações dentro de sua corporação. Os dados podem ser recebidos por:

- cadastro online;
- formulário por escrito;
- funcionários de departamentos (exemplo: RH, comercial);
- recebimento de dados de terceiros;
- e-mail.

Seja qual for o método, todos devem respeitar o propósito legítimo da coleta seguindo as bases legais, como tratado anteriormente na seção "Fundamento legal para tratamento de dados pessoais".

É certo que determinados dados pessoais serão coletados dentro da empresa e não necessitam de consentimento do titular, visto que são coletados com propósitos específicos como dados de funcionários; afinal, isso está sendo coletado para cumprimento de obrigação legal. Mas isso não desobriga a sua empresa de adotar as medidas determinadas pela LGPD, principalmente no que diz respeito à segurança.

Você terá que fazer uma documentação minuciosa sobre toda a relação de tratamento de dados, desde coleta, armazenamento, *backup* e outros tipos de tratamento. Essa tarefa será imprescindível na identificação de controles de segurança, relatórios e outros recursos relacionados à proteção dos dados pessoais. Certamente você precisará do apoio de sua equipe e/ou membros do comitê, tema já discutido anteriormente no capítulo "Tudo o que você precisa saber sobre a LGPD".

MAPEAMENTO DE DADOS

Esse é o mais importante e complexo processo de adequação da LGPD, pois os dados são o ativo-alvo para o tratamento correto e devemos saber inicialmente onde estão localizados para definir quais mecanismos de proteção no tratamento vamos adotar. Esse é um passo importante e necessário para realmente entender o processo do ciclo de vida dos dados na sua empresa. **Será necessário mapear onde estão os seus dados.** Isso é muito mais fácil em alguns cenários onde você tem um certo conhecimento e controle de como os operadores e usuários se comportam, mas, no mundo real, é muito provável que o controle de onde está a informação seja tão distribuído (*on-premises* ou na nuvem) que certamente você precisará da ajuda de softwares para auxiliar nessa função.

Existem diversos tipos de softwares de descoberta de dados (**Data Discovery**), controle de prevenção de perda de dados (**Data Loss Prevention**) e classificação de dados (**Data Classification**).

- **Data Discovery** é uma solução que permite descobrir dados com determinadas informações. O software identifica, analisa e classifica automaticamente dados contendo informações pessoais (nomes, endereços, números de telefone, números de contas bancárias etc.).
- **Data Loss Prevention (DLP)**, assim como Data Discovery, pode ajudar a encontrar os dados com determinadas informações e classificá-las como informações sensíveis. Um bom software de DLP irá detectar e impedir violações de dados, **exfiltração** (transferência não autorizada de dados) ou destruição indesejada de dados confidenciais; e deve proteger dados em movimento, em repouso e até mesmo em estações de trabalho de usuários e na nuvem.

- **Data Classification** é uma importante ferramenta auxiliar na proteção e no rastreamento de informações. Enquanto algumas soluções de DLP e Data Discovery podem classificar dados, outras podem depender da classificação para a tomada de decisão. A classificação pode ser automática (baseada no conteúdo dos arquivos), manual e/ou obrigatória. A classificação usa um *label*, e tenho certeza de que você já se deparou com dados classificados como "Confidencial" ou "Top Secret", mas você pode escolher o nome que achar mais interessante. Vale ressaltar que a classificação de arquivos pode ser implementada nativamente em ambientes de plataforma Microsoft ou adquirida como software de diversos fabricantes. Geralmente, a classificação vem antes de softwares como o DLP, pois a classificação dos dados auxilia na tomada de decisão.

Sem dúvida alguma, eu recomendo um bom software de **Data Loss Prevention (DLP)** e lembro que existem tipos diferentes de DLP, por exemplo, **Network DLP, Storage DLP** e **Endpoint DLP**, e por isso é necessário um estudo para identificar a melhor solução para o seu ambiente.

Agora você já conhece algumas importantes ferramentas que podem auxiliar na identificação, no controle e na prevenção do uso incorreto de dados pessoais. Porém, mesmo sem o uso de ferramentas, tenho certeza de que você e seu time podem enumerar onde estão alguns ou a maioria dos dados. Eu imagino que a maioria das empresas possui os seguintes repositórios:

- Servidor de arquivos:
  › Diretório do RH
  › Diretório do marketing (MKT)
- Banco de dados:
  › Tabelas específicas de cadastro
  › Tabelas específicas de softwares do RH ou do MKT

- *Backups*:
  › Fitas ou discos de *backup*
  › Diretórios de armazenamento temporário

Em um ambiente como esse, você pode criar uma simples planilha do Excel para iniciar a documentação e as definições de controles de segurança que poderão ser adotados, e esse documento terá uma enorme importância no momento em que for solicitado um relatório de impacto, como descrito no artigo 38:

> Art. 38. A autoridade nacional poderá determinar ao controlador que elabore relatório de impacto à proteção de dados pessoais, inclusive de dados sensíveis, referente a suas operações de tratamento de dados, nos termos de regulamento, observados os segredos comercial e industrial.
>
> Parágrafo único. Observado o disposto no caput deste artigo, o relatório deverá conter, no mínimo, a descrição dos tipos de dados coletados, a metodologia utilizada para a coleta e para a garantia da segurança das informações e a análise do controlador com relação a medidas, salvaguardas e mecanismos de mitigação de risco adotados.

Quadro 1 – Modelo de planilha de mapeamento.

Descrição	Tipo de dado	Propósito	Origem	Sistema	Local de armazenamento
Cadastro de clientes	Dados pessoais sensíveis	Cadastro dos clientes para fins de venda e mala direta	Web	Sistema Web (Webapp)	Servidor de banco de dados WS2K16ADDS - WEBAPP

→

Currículos de candidatos	Dados pessoais sensíveis	Diretório com arquivos enviados por candidatos a vagas de trabalho	E-mail	Nenhum	\\WS2K16SEC.itsec.lab\RH\Curriculos
Folha de pagamento	Dados anonimizados	Armazenamento de *backup* de folha de pagamento	Interno	Software de RH XYZ	Servidor FileServer C:\RH\PAG
Eventos abertos	Dados de crianças e adolescentes	Cadastro de participantes em eventos	Web	Software Web de MKT	Em folha impressa ou na nuvem
Dados financeiros	Dados pessoais	Informações financeiras corporativas	Interno	Nenhum	Servidor FileServer C:\Financeiro

Este exemplo está bem minimalista, mas não será um grande esforço iniciar um mapeamento mais detalhado. Como vimos, os dados pessoais podem ser coletados em vários cenários e eu não sou capaz de descrever todas as possibilidades aqui, e essa também não é a intenção deste livro. O que vamos analisar aqui são os cuidados gerais que devemos adotar agora com relação à coleta e ao ciclo de vida dos dados. Mais adiante, vamos explorar alguns controles de proteção que podemos adotar no tratamento de dados pessoais.

COLETA DE DADOS VIA WEB

A coleta de dados via web (*world wide web*), ou seja, por meio de um website, com formulários em sua página de cadastro e um banco de dados em seu *backend* no qual os dados serão armazenados, é muito comum para várias situações, principalmente para acessar áreas restritas do website ou criar uma lista de potenciais clientes.

Pensando em websites corporativos, é muito comum a coleta de dados pessoais e dados pessoais sensíveis por meio de um formulário. Geralmente esse cadastro é para que o visitante seja um usuário registrado e possa fazer uso dos recursos do website. O cadastro pode, muitas vezes, incluir dados pessoais, como endereço de e-mail, endereço residencial, informações de pagamento e número de telefone, mas alguns vão além e podem coletar informações demográficas, como sobre o seu negócio ou empresa, idade, gênero, interesses, preferências e localização geográfica.

Vamos entender o que é requerido e como está relacionada a questão de consentimento e transparência na LGPD: consentimento é o direito de os titulares escolherem quais dados pessoais serão coletados sobre eles; e transparência é eles saberem o que está acontecendo com seus dados pessoais. Veja as soluções nos comentários à lei.

> Art. 5º Para os fins desta Lei, considera-se:
> XII - consentimento: manifestação livre, informada e inequívoca pela qual o titular concorda com o tratamento de seus dados pessoais para uma finalidade determinada;

O titular deve entender claramente qual é a necessidade de coleta de seus dados e como eles serão usados. Ele deve consentir de manifestação livre. Em caso de páginas web, você pode utilizar uma *checkbox*, mas ela não poderá estar previamente marcada.

> Art. 8º O consentimento previsto no inciso I do art. 7º desta Lei deverá ser fornecido por escrito ou por outro meio que demonstre a manifestação de vontade do titular.

> § 1º Caso o consentimento seja fornecido por escrito, esse deverá constar de cláusula destacada das demais cláusulas contratuais.

No apêndice deste livro, você encontra um modelo de política de privacidade e uso de dados pessoais e um modelo de declaração de privacidade que podem ser usados como base.

> § 2º Cabe ao controlador o ônus da prova de que o consentimento foi obtido em conformidade com o disposto nesta Lei.

O parágrafo 2º é importante e deverá fazer parte do projeto de adaptação à programação de modo que seja possível ter o controle dos consentimentos.

> § 5º O consentimento pode ser revogado a qualquer momento mediante manifestação expressa do titular, por procedimento gratuito e facilitado, ratificados os tratamentos realizados sob amparo do consentimento anteriormente manifestado enquanto não houver requerimento de eliminação, nos termos do inciso VI do caput do art. 18 desta Lei.

Assim, é necessário informar ao usuário, que é o titular dos dados, como serão utilizadas as informações sobre ele. Para isso, é importante ter e exibir uma declaração de privacidade, que pode conter as seguintes informações:

- quais dados pessoais serão coletados;
- como serão utilizados esses dados;

- informações sobre transferência, inclusive internacional, se existir;
- qual a responsabilidade em relação à notificação de violação;
- com quem os dados serão compartilhados;
- data efetiva da política de privacidade;
- informação sobre alterações na política;
- como entrar em contato.

Provavelmente, o usuário vai aceitar os termos de privacidade e se cadastrar no website. Temos então a coleta de dados que serão armazenados e estão sob a responsabilidade de sua empresa. Geralmente, quando estamos armazenando os dados provenientes de um website, o mais comum é que eles fiquem armazenados em banco de dados como **Microsoft SQL**, **MySQL**, entre outros. E isso também depende de como foi escolhido o modo de hospedagem, que pode ser pública ou privada. Trataremos sobre banco de dados mais adiante.

Hospedagem pública é o claro exemplo na lei em que a empresa que tomou a decisão de hospedar no provedor XYZ é o **controlador** e o provedor de hospedagem XYZ é o **operador**.

No caso da hospedagem pública, já citei o **GoDaddy**, pois sou cliente e já fiz a **Due Diligence**[5] sobre esse tema e o utilizarei novamente para explicar situações práticas sobre responsabilidade.

Empresas provedoras de serviços de hospedagem certamente já passaram pela **GDPR** e estão providas de recursos e documentações no que diz respeito a padrões de privacidade. O correto é elas assegurarem que os dados sejam processados de modo seguro e protegido em seu nome (controlador), mas isso não isenta você de ter controles e políticas internas além do gerenciamento

---

5. Processo de investigação usado comumente para avaliar uma aquisição em relação aos seus ativos e a outros aspectos.

de acessos aos registros, incluindo como compartilha dados com terceiros. A responsabilidade de cada parte é estabelecida nos termos de serviços contratados, e por isso é importante ter um corpo de profissionais no comitê que entendam a linguagem jurídica. Mas alguns são fáceis e simples de interpretar, e podem gerar uma certa preocupação, como no item retirado do "Adendo ao processamento de dados (clientes)" do GoDaddy:[6]

> *7.3 Incidentes de segurança com falha. O cliente concorda que:*
>
> *(i)* **Um Incidente de Segurança com falha não estará sujeito aos termos deste Adendo. Um Incidente de Segurança com falha é aquele que resulta em acesso não autorizado aos Dados do Cliente ou a qualquer Rede, equipamento ou instalações da GoDaddy que armazenam Dados do Cliente** *e pode incluir, sem limitação, pings e outros ataques de broadcast em firewalls ou servidores edge, verificações de portas, tentativas de log--in malsucedidas, ataques de negação de serviço, sniffing de pacotes (ou outro acesso não autorizado a dados de tráfego que não resulta em acesso além de cabeçalhos) ou incidentes semelhantes; e*
>
> *(ii) A obrigação da GoDaddy de informar ou responder a um Incidente de Segurança nos termos desta Seção não é e* **não será interpretada como um reconhecimento pela GoDaddy de qualquer culpa ou responsabilidade da GoDaddy com relação ao Incidente de Segurança.**
> (grifos meus)

---

6. Acesse o adendo em: https://br.godaddy.com/legal/agreements/data-processing-addendum.

Parece assustador e perigoso, mas vamos lembrar que existe uma enorme estrutura de segurança nesses provedores, como esse citado que, em 2020, suporta mais de 52 milhões de domínios. Existe um grande investimento em controles de segurança, que teriam valor elevado para serem mantidos em seu *datacenter* privado. Esses controles contam com segurança física, *firewall*, gerenciamento de certificados digitais, alta disponibilidade e muitos outros recursos.

A coleta de dados por meio de websites inclui vários componentes a serem analisados, e um deles é o *cookie*.

Cookies

Cookies são pequenos arquivos de texto que contêm várias informações sobre os visitantes de um website. A principal função de um *cookie* é identificar e armazenar informações desses usuários. Um website pode utilizar diversos *cookies* para as mais variadas necessidades. Eles podem armazenar informações como nome, e-mail, IP e páginas visitadas, e são utilizados como recurso técnico para manter, por exemplo, a sessão e as preferências dos usuários de maneira correta, ou para fins de estatísticas e *marketing*. Essa coleta de informações de identificação sobre o usuário se enquadra na hipótese de consentimento descrita no capítulo "Fundamento legal para tratamento de dados pessoais".

Lembro que o consentimento deve ser de manifestação livre, informada e inequívoca, pela qual o titular concorda com o tratamento de seus dados pessoais para uma finalidade determinada, e é necessário aplicar essas regras ao website que o visitante estiver acessando.

Como é possível identificar na Figura 3, o usuário está sendo informado claramente sobre o propósito do *cookie* e deve, por manifestação livre, clicar para aceitar esses termos.

Informação sobre privacidade

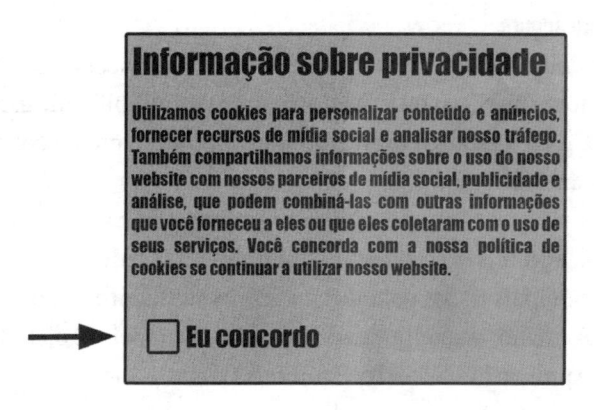

Utilizamos cookies para personalizar conteúdo e anúncios, fornecer recursos de mídia social e analisar nosso tráfego. Também compartilhamos informações sobre o uso do nosso website com nossos parceiros de mídia social, publicidade e análise, que podem combiná-las com outras informações que você forneceu a eles ou que eles coletaram com o uso de seus serviços. Você concorda com a nossa política de cookies se continuar a utilizar nosso website.

☐ Eu concordo

Figura 3 – Informação sobre uso de *cookies*.

Alguns websites utilizam *cookies* para diversas funcionalidades, como é possível verificar no cookiebot.com,[7] onde você seleciona quais tipos de *cookie* o visitante aceita. Esse é um excelente website em que você pode consultar se o seu website está em *compliance* com esse tema, que é muito similar ao GDPR, e lhe fornece a ferramenta gratuitamente para até um domínio.

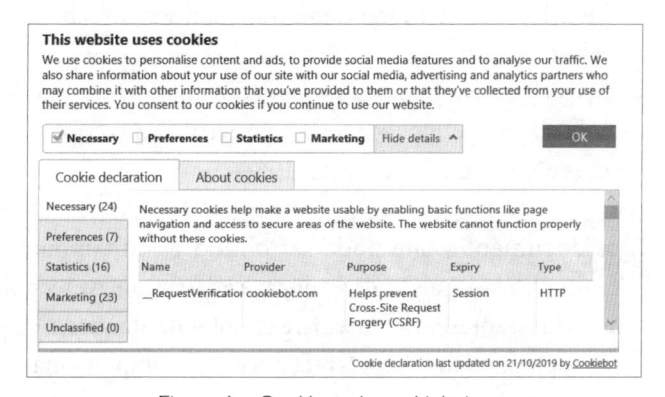

Figura 4 – *Cookies* pelo cookiebot.com.

---

7. Acesse o website do CookieBot em: https://www.cookiebot.com/.

Website seguro

Independentemente de você ter escolhido armazenar dados em servidores públicos ou privados, é sua responsabilidade garantir que os dados estejam protegidos desde o momento da coleta até o armazenamento.

Ter um website codificado altamente seguro é sua responsabilidade, e para isso recomendo que o desenvolvedor esteja atento aos principais riscos voltados ao desenvolvimento de aplicações web. A melhor maneira de acompanhar isso é pelo projeto **Open Web Application Security Project (OWASP)**. Inclusive, o projeto publica regularmente os dez riscos mais críticos de segurança de aplicativos web. Nos três primeiros lugares do *ranking*, temos:

- **SQL Injection** – Uma exploração bem-sucedida da injeção SQL pode ler dados confidenciais do banco de dados e modificar dados do banco de dados (inserir, atualizar ou excluir).
- **Broken Authentication** – Funções de autenticação e gerenciamento de sessões mal implementados podem permitir que invasores comprometam senhas, chaves ou *tokens* de sessão.
- **Sensitive Data Exposure** – Os dados confidenciais podem ser comprometidos sem proteção extra, como criptografia em repouso ou em trânsito.

Esse documento, que pode ser obtido gratuitamente no website do OWASP,[8] além de explicar cada risco e as tecnologias envolvidas, apresenta cenários, exemplos de ataques, e como prevenir cada um deles. Essa tarefa deve ser acompanhada pelo time de desenvolvimento (que pode envolver diversas linguagens específicas) em conjunto com o time de segurança.

---

8. Faça o download do OWASP Top Ten no link: https://www.owasp.org/index.php/Category:OWASP_Top_Ten_Project.

Além do código, você deve estar atento à comunicação entre o cliente e o website. Hoje, é extremamente raro encontrar websites que não possuem um certificado digital para manter seguras as comunicações. Com certificados digitais, é possível fazer o uso do **HTTPS**, uma extensão segura do **HTTP**. Isso é possível graças aos protocolos **TLS (Transport Layer Security) ou SSL (Secure Socket Layer)**. Ambos permitem a comunicação criptografada entre um website e o navegador. Hoje, a tecnologia do SSL está depreciada e, por isso, vem sendo substituída pelo TLS.

É essencial a implementação desse recurso de segurança, principalmente em ambientes de:

- cadastro de informações;
- sistemas de autenticação;
- sistemas de pagamentos;
- exigências de padrões da indústria;
- garantia de confiabilidade do seu website.

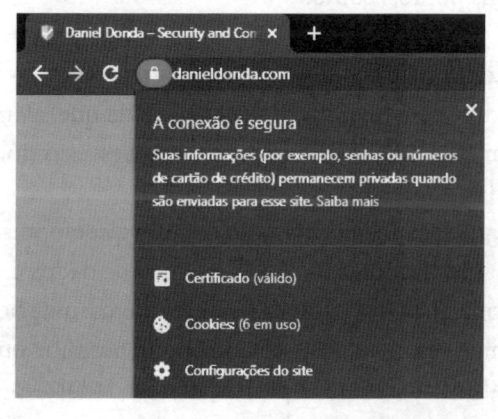

Figura 5 – Exemplo de website seguro com TLS visto pelo *browser* Chrome.

O objetivo principal do HTTPS é impedir que *hackers* possam interceptar e extrair dados que estão sendo trafegados na rede em texto puro, como senhas, dados pessoais ou qualquer informação relevante para o atacante.

O SSL/TLS funciona a partir de uma infraestrutura de chaves públicas e privadas utilizadas para criar uma chave de sessão que é utilizada para criptografar os dados que estão sendo transferidos.

Banco de dados

Certamente, se você possui um sistema na web, como já tratamos anteriormente, provavelmente armazena os dados em um banco de dados como o Microsoft SQL, MySQL, entre outros. Existem alguns recursos que podemos utilizar para garantir a segurança das informações armazenadas nesses bancos de dados. Além de ter um código de programação da aplicação web segura (não permitindo, por exemplo, o acesso a informações no banco de dados a partir de um SQL Injection), devemos nos preocupar com alguns pontos, como:

- **Acesso privilegiado** – Quem tem acesso ao banco de dados e em qual nível? Lembre-se de que, além de ter o controle dessas informações, é necessário documentar todos os acessos.
- **Segurança física** – É muito comum que empresas mantenham servidores locais com banco de dados e outras informações. A segurança física também é uma boa prática. Um acesso físico ao servidor pode permitir que alguém mal-intencionado copie o banco de dados.
- **Hardening do servidor** – Diminuir a superfície de ataque de um servidor é uma ótima medida de proteção, e a técnica de *hardening* ajuda nesse sentido. O processo de *hardening* irá blindar o sistema com proteções, polí-

ticas de segurança e a eliminação de serviços e recursos desnecessários para a função do servidor. A importância do profissional de banco de dados é imprescindível no sentido de apontar recursos de *database* que estão instalados (geralmente por instalações-padrão) e que podem ser eliminados.

- **Criptografia** – Os principais sistemas de banco de dados permitem a criptografia não somente dos dados em repouso (*data at rest*), mas também de dados em trânsito.
- **Auditoria** – Permite não somente monitorar atividades suspeitas ou situações em que o banco de dados está sendo atacado, mas também quais ações estão sendo executadas por usuários. Lembre-se de que é muito importante o processo de documentação para corroborar com uma investigação. Alguns softwares de auditoria permitem o envio de alertas para atividades administrativas, como a criação de contas de usuários e atividades do administrador. É importante a revisão regular de *logs*. Falaremos mais adiante sobre essa auditoria.

TRATAMENTO DE DADOS

Após mapear os dados, você deve aplicar medidas de segurança e proteção para garantir que o tratamento de dados seja executado com o mais alto nível de proteção. Se você já implementou soluções de **Data Discovery** ou **Data Loss Prevention (DLP)**, descritas no capítulo de mapeamento, você já iniciou o processo de maneira avançada. Se não tem um software como esse em seu ambiente, é necessário fazer uma análise manual e seguir alguns passos, que serão abordados neste capítulo. Você vai perceber que é possível entender a importância da enumeração das localizações dos dados pessoais e a criação de um documento que permita identificar os acessos e as tecnologias envolvidas (SharePoint, *file server*, banco de dados), como citado no capítulo de mapeamento de dados.

Vale lembrar que o tratamento de dados é descrito no artigo 5º:

> Art. 5º Para os fins desta Lei, considera-se: [...]
> X - tratamento: toda operação realizada com dados pessoais, como as que se referem a coleta, produção, recepção, classificação, utilização, acesso, reprodução, transmissão, distribuição, processamento, arquivamento, armazenamento, eliminação, avaliação ou controle da informação, modificação, comunicação, transferência, difusão ou extração.

SEGURANÇA NO TRATAMENTO DE DADOS

O que levar em consideração no que diz respeito ao tratamento dos dados pessoais e dados pessoais sensíveis? Lembre-se de que os operadores também têm responsabilidade no tratamento de dados e nas ações que executam. Por isso, são importantes o treinamento, a conscientização e o reconhecimento da política de segurança da empresa.

A lista a seguir é um conjunto importante de ações que devem ser descritas no relatório de impacto à proteção de dados pessoais como forma de documentação do esforço na proteção da informação e da conformidade em relação à lei geral de proteção de dados.

- *Hardening* dos servidores.
- Proteção das estações de trabalho.
- Adoção do princípio de menor privilégio.
- Gerenciamento de identidade.
- Controle de acesso.
- Auditoria.
- Análise de vulnerabilidades.
- Plano de recuperação de desastres.

Antes de começar a explorar um pouco cada um desses itens, é importante saber que ações devem ser aplicadas em sua organização a fim de proteger o seu ambiente independentemente da LGPD, que certamente coloca isso como uma obrigação.

> Art. 46. Os agentes de tratamento devem adotar medidas de segurança, técnicas e administrativas aptas a proteger os dados pessoais de acessos não autorizados e de situações acidentais ou ilícitas de destruição, perda, alteração, comunicação ou qualquer forma de tratamento inadequado ou ilícito.

> § 1º A autoridade nacional poderá dispor sobre padrões técnicos mínimos para tornar aplicável o disposto no caput deste artigo, considerados a natureza das informações tratadas, as características específicas do tratamento e o estado atual da tecnologia, especialmente no caso de dados pessoais sensíveis, assim como os princípios previstos no caput do art. 6º desta Lei.

Essas são as medidas de segurança que podemos adotar de maneira a ficar em conformidade com a LGPD. A maioria das medidas de segurança de que tratarei adiante são baseadas em plataforma Microsoft.

HARDENING DOS SERVIDORES

Os servidores em que estão armazenados os dados pessoais devem passar pelo processo de *hardening* (blindagem) contra ameaças – você verá que algumas configurações permitem diminuir a superfície de ataque. *Hardening* é um conjunto de ações que deixará os servidores protegidos, e essa não é uma tarefa fácil, pois, quando aplicamos políticas de proteção, podemos muitas vezes restringir funcionalidades. E não podemos nos esquecer da tríade de segurança da informação: confidencialidade, integridade e disponibilidade.

A melhor maneira de blindar servidores é utilizando políticas de grupo em um ambiente de domínio do Active Directory. Todos os sistemas operacionais Windows incluem configurações de segurança que podem ser usadas para proteger o computador.

> Nunca aplique políticas em um ambiente de produção sem antes validar os resultados.

Cada tipo de servidor terá que ser analisado cuidadosamente para que seja blindado de maneira eficiente. Pensando em plataforma Microsoft, a mesma política de segurança que eu aplicar em um controlador de domínio não será válida para um servidor de arquivos.

Uma boa prática é criar uma *baseline*[9] básica para os principais servidores da sua corporação e então, a partir dessa *baseline*, criar outras políticas. Essas *baselines* de segurança incluem configurações recomendadas para o *firewall* do Windows, o Windows Defender, e outras configurações de segurança são fornecidas em forma de GPOS, que você pode importar no seu Active Directory (AD DS) e, em seguida, implantar para os servidores do domínio.

Você até pode criar as políticas de segurança manualmente, mas deve conhecer muito bem quais políticas definir para garantir a melhor maneira de proteger determinados servidores. Além disso, existem mais de 3.000 configurações de diretiva de grupo (GPO) para o Windows 10, que não incluem mais do que 1.800 configurações do Internet Explorer 11. Dessas 4.800 configurações, apenas algumas estão relacionadas à segurança. Em contrapartida, a Microsoft fornece o **Kit de Ferramentas de Conformidade de Segurança (Security Compliance Toolkit)**, um conjunto de ferramentas que permite que os administradores de segurança possam baixar, analisar, testar, editar e armazenar as linhas de base de configuração de segurança recomendadas pela Microsoft para Windows e outros produtos da Microsoft.

A Microsoft publica *baselines* de segurança baseadas na sua própria segurança, que são em maioria recomendações estabelecidas a partir da experiência de segurança do mundo real obtidas em parceria com organizações comerciais ou governamentais como o governo dos Estados Unidos (Departamento de Defesa [DoD]).

---

9. Acesse: aka.ms/baselines.

As próximas ações de segurança podem ser alcançadas com o uso de objetos de políticas de grupo (GPO). Como melhor prática no gerenciamento de GPO:

- crie uma estrutura de OUs para simplificar a aplicação de políticas de segurança;
- evite modificar políticas-padrão como a Default Domain Policy e a Default Domain Security Policy;
- utilize modelos com Starter GPOs para facilitar a criação de *baselines*;
- não crie políticas no nível de raiz, pois elas se propagam por todo o domínio (computadores e usuários);
- nunca aplique políticas em ambiente de produção sem antes validar os resultados.

PROTEÇÃO DAS ESTAÇÕES DE TRABALHO

Quem opera dados pessoais geralmente o faz em sua estação de trabalho. Outro ponto importante sobre as estações de trabalho é que quase sempre são a porta de entrada de ataques. Isso vale não somente para as estações que ficam dentro da corporação, mas também para aquelas pertencentes aos profissionais que trabalham remotamente ou que, com grande frequência, estão em trânsito. A proteção das informações para esse tipo de usuário é bem complexa, afinal ele pode utilizar vários dispositivos ao mesmo tempo, inclusive o *laptop*, que pode fazer uso de diversas redes remotas e sem a menor garantia de que são seguras, e há também um grande risco de roubo desse dispositivo.

Essa é uma situação de alto risco, e por isso temos que implementar medidas de segurança que visam garantir a proteção das informações e do acesso que esses usuários possuem. Para isso, enumerei alguns dos principais cuidados que devemos ter.

CRIPTOGRAFIA

Criptografar o disco rígido é um controle de segurança importante, pois o usuário pode armazenar dados pessoais no disco e, em caso de perda, furto ou roubo, tudo o que estiver no disco estará protegido. É possível ativar a criptografia nativamente pelo ***bitlocker***,[10] uma ferramenta nativa da Microsoft disponível para Windows Vista, Windows 7, Windows 8 e Windows 10. Esse recurso irá proteger o sistema em caso de roubo em que o atacante pode tentar utilizar o disco rígido em alguma outra máquina para ler as informações.

Se você usa o Windows 7 ou superior, é possível também fazer uso da funcionalidade do ***bitlocker to go***, que permite a criptografia de unidades de dados externas, como pen drives ou HDs externos.

Para alguns computadores, é possível fazer uso do chip **Trusted Platform Module (TPM)**, que é utilizado para armazenar as chaves de encriptação. Ativar a criptografia da unidade de disco é bem simples e isso pode ser feito em cada um dos computadores, porém é recomendado ativar por meio de políticas de grupo.

É possível também criptografar arquivos individuais utilizando o sistema de criptografia **Encrypting File System (EFS)**, que funciona no sistema de arquivos **NTFS** e não necessita de configuração para ser utilizado, porém é altamente recomendável criar uma política de recuperação de chaves de criptografia.

---

10. Para ter uma visão geral do bitlocker, acesse: https://docs.microsoft.com/pt-br/windows/security/information-protection/bitlocker/bitlocker-overview.

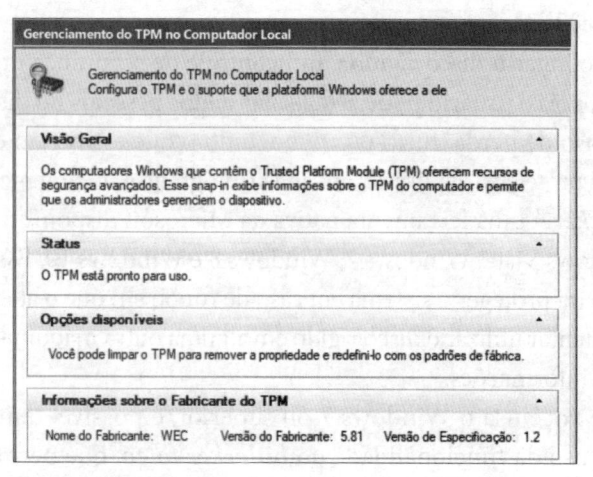

Figura 6 – Tela do gerenciamento de TPM.

SOFTWARES DE ANTIVÍRUS

Mesmo usuários treinados estão sujeitos a ataques de *malwares*. O dispositivo pode ser infectado ao plugar um dispositivo USB em uma reunião para copiar arquivos, ao baixar e executar anexos de um e-mail ou ao acessar páginas da internet de conteúdo não confiável. Milhões de variantes de *malwares* são criadas todos os dias e são responsáveis pelos principais incidentes de segurança.

É importante manter um antivírus ativo e atualizado. Em estações com Windows, é possível utilizar o software antivírus integrado ao Windows 10 chamado Windows Defender, que oferece proteção em tempo real contra ameaças de softwares e pode ser gerenciado via GPO.

VPN

Usuários remotos merecem uma atenção especial e devem ser treinados para entender que certas redes podem ser perigosas e que eles somente devem se conectar a redes seguras.

Em certas situações, é possível permitir uma conexão via VPN segura e criptografada com a rede da empresa para que o funcionário possa trafegar dados sensíveis enquanto estiver fora da empresa.

POLÍTICA DE SENHAS

Apesar de existirem muitos mecanismos novos que podem ser usados para autenticação, como biometria ou *tokens*, ainda dependemos quase sempre de senhas definidas por usuários, que muitas vezes são criadas de maneira insegura, permitindo que pessoas mal-intencionadas possam identificar ou quebrar essas senhas muito facilmente. Há também o fato de que muitos usuários possuem a mesma senha para diversos recursos, o que também oferece um grande risco ao ambiente corporativo.

Para ter noção de quão perigoso é ter uma única senha para vários recursos e não alterá-la com frequência, acesse o website https://haveibeenpwned.com/ e coloque o seu e-mail pessoal. No momento da redação deste livro, já havia mais de 9 bilhões de contas vazadas de websites da internet. Por isso, é muito importante instruir os usuários para que eles mudem as senhas com uma frequência maior e que utilizem uma senha para cada serviço.

Os usuários podem fazer uso de softwares conhecidos, como cofres de senhas, e não devem usar as mesmas senhas que usam para seus recursos pessoais dentro da corporação (e sabemos que isso é quase impossível).

É muito importante definir uma política de senhas dentro da empresa, o que pode ser feito por meio de políticas de grupo no Active Directory. Essa política pode ser complexa, porém isso não significa que uma política de senhas efetiva seja segura, pois é possível que alguns usuários acabem escrevendo suas senhas em algum lugar, principalmente quando se define na política um prazo determinado para troca de senha, que geralmente acontece a cada três meses.

Uma boa dica para ajudar a diminuir os problemas relacionados a senhas, principalmente quando elas são complexas, é utilizar um software de *self-service password*, no qual o próprio usuário tenha controle sobre a sua senha. Esses softwares auxiliam o usuário no momento em que ele esquecer a senha, de modo que ele não precise abrir um chamado de suporte técnico, basta simplesmente responder algumas perguntas pessoais que ele mesmo tenha definido previamente, possibilitando resetar ou alterar a sua senha quando necessário.

Ainda hoje, quando tratamos sobre senhas, pensamos sempre em uma única "palavra" para a senha, porém é possível utilizar uma frase com espaço e acentuação, o que é muito mais fácil de memorizar e muito mais difícil de quebrar.

Citei anteriormente o *bitlocker*, um recurso de criptografia que pode ser utilizado para proteger todo o disco rígido. No entanto, não adianta ter um recurso de criptografia se o atacante tiver acesso às credenciais do usuário, pois ele terá acesso ao disco criptografado. Por isso, é muito importante que todos tenham senhas fortes.

AUTENTICAÇÃO MULTIFATOR E *PASSWORDLESS*

Uma das melhores formas de ajudar a proteger os acessos é habilitando multifatores de autenticação. Em autenticação de sistemas, podemos utilizar:

- **senhas** – algo que o usuário conhece;
- **biometria** – algo que o usuário é;
- **tokens** – algo que o usuário tem.

Em conjunto com a senha, é possível ativar outros métodos de autenticação para validar se quem está acessando é realmente o usuário. A biometria pode ser utilizada pela verificação da impressão digital, da íris, da retina, da face ou por qualquer outro método biométrico. Esse método exige hardware específico, o que encarece a implementação.

Tokens são muito utilizados no acesso à rede bancária, podem usar hardware ou software e têm como função gerar um valor que deverá ser digitado para comprovar a autenticação. É cada vez mais comum o envio de *tokens* por meio de mensagens SMS.

Passwordless é a ideia de não utilizar senhas para autenticação em computadores. Isso já é possível com um recurso nativo do Windows 10, chamado **Windows Hello**. O Windows Hello é uma credencial de acesso sem senha e segura para desbloquear seus dispositivos Windows por meio de biometria. A biometria do Windows Hello exige um hardware especializado, incluindo leitor de impressão digital, sensor de infravermelho iluminado ou outros sensores biométricos e dispositivos compatíveis.

Podemos também utilizar chaves de segurança de hardware padrão **FIDO U2F**, um protocolo de segurança difícil de interceptar e que foi desenvolvido pelo Google e pela empresa de segurança **Yubico**.[11] Agora é administrado pela Aliança **FIDO**[12] e pode ser usado com USB-A, USB-C ou NFC (muito útil para autenticação em dispositivos móveis). Além da segurança de alto nível, o FIDO é muito prático e resistente, como podemos ver na Figura 7.

Figura 7 – Dispositivo FIDO2.

---

11. Mais informações em: https://www.yubico.com/.
12. Mais informações em: https://fidoalliance.org/fido2/.

PRINCÍPIO DO MENOR PRIVILÉGIO

O princípio do menor privilégio é um dos métodos de segurança utilizados para mitigar o vetor de ataque que visa explorar contas privilegiadas e, caso um atacante comprometa uma dessas contas, ele pode iniciar uma sequência de ataques laterais. A ideia é limitar privilégios, especificando o que um usuário pode fazer de maneira muito granular.

Na vida real, é um enorme desafio determinar qual acesso de cada usuário ou grupo realmente possui privilégios. Muitas vezes, o impacto total do acesso que um grupo tem não é totalmente compreendido pela organização, e os atacantes aproveitam essas contas para comprometer o Active Directory de diversas formas. O maior problema é quando se concede privilégio para solucionar problemas, e o que deveria ser provisório se torna efetivo. O melhor exemplo é quando um usuário não tem permissão para instalar determinado software e o suporte técnico dá a ele privilégios de administrador para ele terminar com sucesso sua instalação. Na maioria das vezes, ele permanecerá como parte do grupo Domain Admins para sempre.

Usei como exemplo o grupo Domain Admins, que é um dos grupos com maior poder em uma rede de domínio do Active Directory. O grupo Domain Admins é, por padrão, membro dos grupos de administradores locais em todos os servidores membros e estações de trabalho em seus respectivos domínios. **O certo seria remover todos os membros do grupo, menos o administrador do domínio.**

Uma maneira de resolver o problema de instalação de softwares é pelo gerenciamento de software, que pode ser feito com ferramentas de **gerenciamento de *endpoints***, nas quais os usuários poderão instalar somente os softwares permitidos e que estiverem disponíveis, ou a instalação de software poderá ser feita somente pelo departamento de TI.

Implantar o controle de acesso com menor privilégio não é um projeto, mas uma mudança na cultura de uma organização, que deve envolver todas as pessoas da sua empresa, e você perceberá que a postura de segurança da sua organização começará a se fortalecer. Mas já adianto que isso não é uma tarefa bem vista para os que gostam de usar credenciais com poderes na corporação.

Existem alguns pontos de atenção com os quais temos que nos preocupar, pois o acesso privilegiado nem sempre é concedido explicitamente:

- associação ao grupo do Active Directory;
- grupos do AD com direitos privilegiados em computadores;
- direitos delegados a objetos do AD, modificando as permissões-padrão (de modo semelhante ao sistema de arquivos, os objetos do Active Directory também têm permissões);
- direitos de objetos migrados com SIDHistory;
- direitos delegados para objetos de GPO (as permissões nas GPOs podem ser configuradas para delegar direitos de modificação da GPO a qualquer entidade de segurança);
- atribuições de direitos de usuário via GPO (ou diretiva local);
- associação de grupo local em um computador ou computadores (semelhante às configurações atribuídas pelo GPO);
- direitos delegados para pastas compartilhadas.

Enumerar membros dos grupos privilegiados, como na lista a seguir, é a maneira mais fácil de descobrir se existem usuários com contas privilegiadas no Active Directory por meio de associação a grupos.

- Account Operators
- Administrators
- Allowed RODC Password Replication Group
- Backup Operators
- Certificate Service DCOM Access
- Cert Publishers
- Distributed COM Users
- Dns Admins
- Domain Admins
- Enterprise Admin
- Event Log Readers
- Group Policy Creators Owners
- Hyper-V Administrators
- Pre-Windows 2000 Compatible Access
- Print Operators
- Protected Users
- Remote Desktop Users
- Schema Admins
- Server Operators
- WinRMRemoteWMIUsers_

Esse tema é explorado mais profundamente no conceito de Red Forest.

ACTIVE DIRECTORY RED FOREST

O termo *red forest* foi inventado como um nome informal para uma floresta administrativa especial que a Microsoft recomenda para manter e segurar as contas que têm acesso privilegiado à sua floresta de produção e que exigem segurança adicional. Usando esse modelo, as contas de administração são divididas em três níveis de segurança:

- **tier 0** – *enterprise admins*, com autoridade administrativa de nível de floresta;
- **tier 1** – administração de servidores, aplicativos e nuvem;
- **tier 2** – controle administrativo de estação de trabalho e dispositivos.

Na realidade, a Microsoft fez inicialmente um esforço para mostrar o valor de isolar credenciais com privilégios, usando o que se tornou um modelo **Enhanced Security Admin Environment (ESAE)**[13], e somente depois veio o termo *red forest*.

CONTROLE DE ACESSO

Os dados pessoais e os dados pessoais sensíveis podem estar armazenados em diversos locais, por isso é importante conceder o acesso de maneira a garantir que não haja mais acessos que o necessário. Existem muitos tipos específicos de atribuição de permissões de acesso a objetos, mas neste momento estou me referindo a todos os tipos de objetos (pastas, arquivos, banco de dados, computadores, GPOS etc.).

- **MACL (Mandatory Access Control List)** – **Mandatório**: apenas o administrador pode definir quem pode acessar e qual o nível de acesso ao objeto.
- **DACL (Discretionary Access Control List)** – **Discricionário**: método utilizado pelo Windows no qual o acesso ao objeto pode ser definido não somente pelo administrador, mas também pelo usuário, que, com uma certa permissão, terá a capacidade de conceder permissão a outros.
- **RBAC (Role-Based Access Control)**: é o controle de acesso baseado em funções. Ao usar esse método, é possível

---

13. Para mais informações, acesse o link: https://social.technet.microsoft.com/wiki/contents/articles/37509.what-is-active-directory-red-forest-design.aspx.

criar funções e grupos para conceder o acesso apropriado ao objeto.

De todos esses, o **DACL** é o mais comum, principalmente porque é utilizado no Windows e fornece o controle da atribuição dos acessos aos proprietários do recurso (e é aí que pode estar um grande problema). Tratamos no item anterior sobre privilégio, o que deve ser tratado nos ambientes, pois afeta diretamente o acesso a recursos. Mas, mesmo sem privilégio, uma má atribuição de acesso pode permitir que pessoas não autorizadas tenham acesso a documentos sigilosos ou contendo informações como dados pessoais.

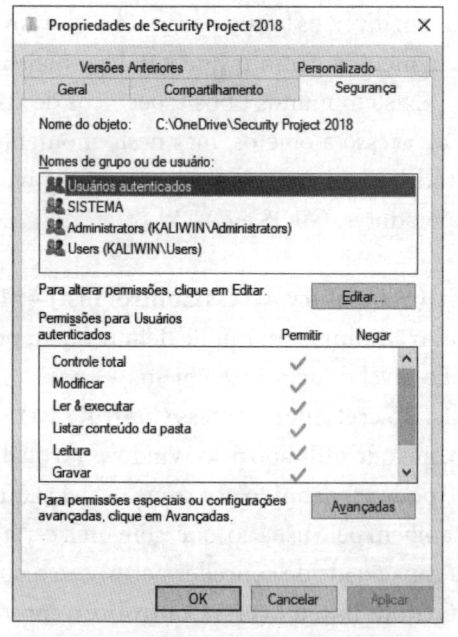

Figura 8 – Propriedades de pasta.

Na Figura 8, vemos as propriedades de uma pasta em que é possível ver a lista de controle de acesso de segurança, também chamada de "permissões NTFS" ou "permissões de segurança", que fornecem segurança para acessos a partir da rede e localmente, protegendo pastas e arquivos.

As permissões de segurança são herdadas por padrão da pasta "pai" para arquivos e subpastas. Assim, se existe uma pasta chamada "Recursos Humanos" com permissão de modificar para um grupo chamado "RH", todos os arquivos e subpastas que você criar dentro de "Recursos Humanos" herdarão a permissão da pasta pai, permitindo que o grupo RH possa modificá-los.

Agora note como ações simples, como mover ou copiar pastas, podem afetar a DACL e acabar abrindo espaço para situações de risco. Isso acontece pois as permissões de segurança podem mudar ao serem movidas ou copiadas devido ao recurso de herança de permissões. Quando um arquivo ou pasta é copiado no mesmo volume NTFS ele herda as permissões do destino. Se um arquivo ou pasta for movido dentro do mesmo volume NTFS ele conservará as suas permissões. Se um arquivo ou pasta é copiado ou movido para uma outra partição NTFS, ele também herda as permissões do destino.

Ação	Mesma partição NTFS	Outra Partição NTFS
Copiar	Herda as permissões NTFS do destino.	Herda as permissões NTFS do destino.
Mover	Retém as permissões NTFS	Herda as permissões NTFS do destino.

Outro ponto de atenção sobre permissões é que as NTFS, assim como as permissões de compartilhamento, são cumulativas, e acaba valendo a mais permissiva. Exemplo: um usuário é membro participante do grupo "Vendas", que tem permissão NTFS de **Ler&Executar** para uma pasta. E esse mesmo usuário tem a permissão de **Modificar** para essa pasta. A permissão efetiva desse usuário na pasta é **Modificar**, por ser mais permissiva que a permissão **Ler&Executar**.

E lembre-se de que a permissão de arquivo tem prioridade sobre as permissões de pasta, ou seja, se um usuário tem permissão **Modificar** para uma pasta e a permissão **Ler** para um arquivo nesta mesma pasta, a permissão efetiva será **Ler**. Já a permissão **Negar** predomina sobre qualquer outra permissão.

As permissões de segurança que acabamos de ver protegem tanto o acesso pela rede quanto o acesso feito localmente, protegendo pastas e arquivos. Mas, para ter acesso pela rede, a pasta deverá estar compartilhada, e o compartilhamento também possui controle de acesso. As permissões de compartilhamento são bem mais simples que as permissões NTFS, que podem ser bem mais granulares (podendo chegar até a 14 itens).

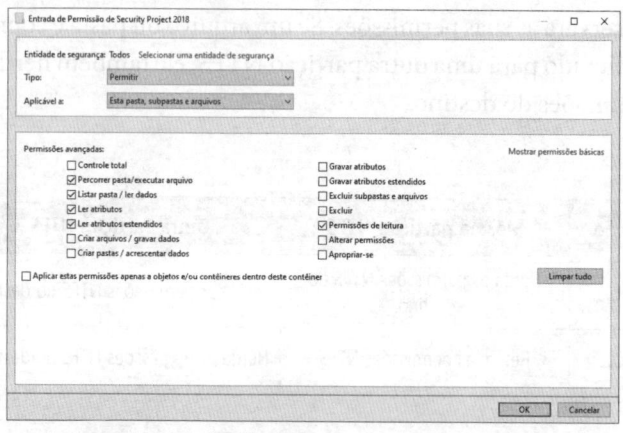

Figura 9 – Propriedades avançadas de pasta.

As permissões de compartilhamento, por sua vez, permitem apenas três tipos de permissões: controle total, alteração e leitura.

E essas permissões apenas se aplicam aos usuários que obtiverem acesso pela rede e que seguirem o mesmo conceito de que a que vale no final é a mais permissiva.

O que também devemos levar em consideração pensando em segurança da informação é quando combinamos permissões NTFS e permissões de compartilhamento.

Ao combinar permissões NTFS e de compartilhamento, a permissão efetiva será sempre a mais restritiva. Mas não se esqueça de que antes é necessário encontrar a permissão NTFS mais permissiva e em seguida fazer o mesmo com a permissão de compartilhamento: encontre a mais permissiva e compare as duas permissões; a permissão efetiva final será a mais restritiva.

A seguir, veremos um pequeno e rápido exemplo onde o usuário Felipe pertence a dois grupos: "RH" e "Controladores". Vamos analisar qual é a permissão efetiva na pasta "Recursos Humanos" para esse usuário.

Permissão de compartilhamento na pasta "Recursos Humanos"

Usuário Felipe	Controle Total
Grupo Controladores	Leitura
Grupo RH	Alteração

Seguindo o conceito, temos:
Controle Total + Leitura + Modificar = **Controle Total é a mais permissiva.**

Permissão NTFS na pasta "Recursos Humanos"

Usuário Felipe	Modificar
Grupo Controladores	Ler & Executar
Grupo RH	Gravar

> Seguindo o conceito, temos:
> Modificar + Ler & Executar + Gravar = **Gravar é a mais permissiva**.

Então, a permissão efetiva final para o usuário Felipe (por acesso pela rede) é a permissão mais restritiva entre as permissões NTFS e de compartilhamento. Nesse caso, entre **Controle Total** e **Gravar**, a mais restritiva é **Gravar**.

Em um ambiente corporativo, recomendo o uso de software que permita fazer esse tipo de análise e ajudar na remediação.

AUDITORIA

A auditoria é fundamental para garantir a segurança da informação, e dedico este capítulo para tratar de sua importância e dos *logs*, de modo que você possa analisar e encontrar uma boa solução na implementação desse controle de segurança. Acredito que a auditoria funcione muito bem como controle de segurança dissuasivo, pois usuários mal-intencionados não irão se arriscar a executar ações em ambientes nos quais eles sabem que estão sendo monitorados.

A IMPORTÂNCIA DA AUDITORIA E DOS *LOGS*

Aonde olho hoje, vejo uma câmera de segurança. Isso é importante pois é possível monitorar o que acontece em tempo real, verificar posteriormente e usar a gravação legalmente após algum incidente. Há também a vantagem que é a dissuasão, pois aqueles que querem agir com má intenção vão pensar duas vezes ao descobrir que o ambiente é monitorado. Essa é a melhor analogia em que eu acredito para falar sobre auditoria, pois a ideia é a mesma: monitorar os ambientes, ter visibilidade sobre o que está acontecendo em tempo real e servir como recurso probatório para fins legais.

De olho na LGPD, temos um motivo a mais para adotar a prática de auditoria.

CAPÍTULO VI
DOS AGENTES DE TRATAMENTO DE DADOS PESSOAIS

Seção I
Do Controlador e do Operador
Art. 37. O controlador e o operador devem manter registro das operações de tratamento de dados pessoais que realizarem, especialmente quando baseado no legítimo interesse.

O artigo pede que seja mantido um registro das operações de tratamento de dados pessoais. Mas é possível criar isso manualmente? Eu acredito que não; afinal, o que temos como tratamento de dados na LGPD?

Art. 5º Para os fins desta Lei, considera-se: [...]
X - tratamento: toda operação realizada com dados pessoais, como as que se referem a coleta, produção, recepção, classificação, utilização, acesso, reprodução, transmissão, distribuição, processamento, arquivamento, armazenamento, eliminação, avaliação ou controle da informação, modificação, comunicação, transferência, difusão ou extração;

Note que o tratamento de dados tem uma grande variedade de ações. Agora imagine como é documentar manualmente essas ações e gerar relatórios. Uma vez ou outra talvez seja possível, mas a maioria das operações diárias envolvendo dados pessoais podem e devem ser auditadas. Por isso, é importante a implantação de um software de auditoria que facilite o processo e nos ajude a criar filtros listando determinadas ações de maneira eficiente e eficaz.

Quando monitoramos uma plataforma de armazenamento de dados, queremos, na verdade, identificar rapidamente a ação. No caso de um evento de alteração, queremos saber o que foi alterado, quem alterou, quando aconteceu, de onde partiu o acesso que permitiu a alteração e tudo o que estiver relacionado com esse tipo de evento. Devemos ainda ter a possibilidade de gerar relatórios automatizados mensalmente ou semestralmente para certas ações de tratamento de dados, como coleta, classificação, armazenamento, modificação, entre outras, e não somente ter a visibilidade de como estamos tratando. Em caso de ocorrência de incidente de segurança, é obrigatório comunicar a autoridade nacional. Podemos ver isso claramente no artigo 48:

> Art. 48. O controlador deverá comunicar à autoridade nacional e ao titular a ocorrência de incidente de segurança que possa acarretar risco ou dano relevante aos titulares.
> § 1º A comunicação será feita em prazo razoável, conforme definido pela autoridade nacional, e deverá mencionar, no mínimo:
> I - a descrição da natureza dos dados pessoais afetados;
> II - as informações sobre os titulares envolvidos;
> III - a indicação das medidas técnicas e de segurança utilizadas para a proteção dos dados, observados os segredos comercial e industrial;
> IV - os riscos relacionados ao incidente;
> V - os motivos da demora, no caso de a comunicação não ter sido imediata; e
> VI - as medidas que foram ou que serão adotadas para reverter ou mitigar os efeitos do prejuízo.

Por possuir muitas limitações, a auditoria nativa é indicada somente para pequenos ambientes, e, como os dados pessoais geralmente estão distribuídos, temos que auditar diversos sistemas; por isso, se faz necessária uma solução de auditoria de terceiros. Programas específicos de auditoria permitem auditar diversas plataformas de armazenamento que podem conter dados pessoais, como:

- servidores de arquivos (NAS);
- Sharepoint/One Drive;
- sistemas de e-mails (Exchange);
- SQL Server.

Para a maioria dos softwares de auditoria, os eventos de tratamento de dados podem ser registrados em forma de relatórios. Além das ações básicas de operações realizadas em dados pessoais, um bom sistema de auditoria permite acompanhar outros eventos que podem estar ligados a violações de dados e/ou ameaças internas.

Um exemplo importante com foco na LGPD é a capacidade de monitorar ações de administradores, como a concessão de acessos privilegiados a sistemas ou pastas com dados sensíveis, a alteração de grupos de Active Directory, que pode permitir que um usuário efetue ações além das permitidas, entre outras. Esses eventos de auditoria por meio de softwares podem ser transformados em alertas não só para o time de segurança, mas também para o executor da ação, que saberá, no momento da ação, que está sendo vigiado.

O mais importante é que os sistemas de auditoria sejam bem utilizados. De nada adianta ter um supersistema que irá executar a auditoria de diversas plataformas se não acompanharmos de perto o que está acontecendo. Lembre-se do sistema de vídeos que usei como exemplo no início deste capítulo. É o mesmo conceito: se ninguém vir, de nada adianta.

Para ser bem eficiente, o software de auditoria deve ser igual a uma central de monitoramento de vídeo, consolidando todos os eventos em um painel único e fácil de monitorar, pois o monitoramento de eventos deve ser simples e eficiente.

Dê preferência a softwares a prova de adulteração, pois garantem a integridade dos *logs* gerados e armazenados.

Gerenciamento de *logs*

O maior desafio no gerenciamento de eventos é superar a variedade de formatos de *logs*. Em muitos ambientes. teremos diversos recursos gerando *logs*, como dispositivos de rede, como roteadores, *switches*, *firewalls*, softwares antivírus, bancos de dados, sistemas na web, servidores (Windows, Linux, Unix), seja de modo nativo ou por meio de softwares, como citado anteriormente.

Quando estamos tratando *logs* em diversos sistemas, são gerados bilhões de eventos. E, para coletar e analisar a partir de uma variedade de fontes, tanto no local quanto na nuvem, fica difícil encontrar dados relevantes e entendê-los. No caso de uma violação de segurança, interna ou externa, a capacidade de localizar onde a violação se originou e o que foi acessado pode fazer uma grande diferença. Uma solução de gerenciamento de *logs* (*log management*) permite **centralizar e consolidar os *logs*** em um único local para fins de análise e armazenamento. As funções primordiais de um gerenciador de *logs* são:

- coletar e armazenar volumes massivos de dados;
- processar e normalizar *logs* de diversas fontes;
- armazenar e reter *logs* para longo prazo;
- proteger os dados do registro de eventos contra adulteração ou destruição;
- criar relatórios de *log*;
- analisar *logs*.

Um sistema de gerenciamento de *logs* é um sistema de software que agrega e armazena arquivos de *log* de vários pontos de extremidade e sistemas de rede em um único local, o que é de grande valor na análise de eventos. Porém, podemos utilizar softwares que permitem ir além dessas características, como as soluções de **Security Information and Event Management (SIEM)**, que nada mais são que soluções de segurança e auditoria compostas por componentes de monitoramento, análise e correlação de eventos (*logs*), combinando todas as funcionalidades de um gerenciador de *logs* em um software e fornecendo ainda mais recursos.

Em grandes corporações, os *logs* geralmente são armazenados em um gerenciador de *logs* e encaminhados para um SIEM, desde que utilizem formatos de Syslog[14] comuns (RFC 5424, JSON, Snare). A principal diferença entre eles é que um SIEM incorpora funções como:

- correlacionar eventos de diferentes fontes de dados;
- possuir recursos elaborados de relatórios;
- detectar e alertar ameaças;
- possuir *dashboard* de visualização em tempo real;
- possuir *threat intelligence*.

---

14. Padrão de mensagens IETF descrito na RFC 5424: https://tools.ietf.org/html/rfc5424.

ONDE ESTÁ O RISCO?

No Capítulo VII da LGPD, que trata da segurança e das práticas, as duas primeiras sessões, "Da Segurança e do Sigilo de Dados" e "Das Boas Práticas e da Governança", abordam temas importantes sobre a proteção dos dados pessoais e deixam bem claro que são necessários mecanismos internos de supervisão e de mitigação de riscos.

> Art. 50. Os controladores e operadores, no âmbito de suas competências, pelo tratamento de dados pessoais, individualmente ou por meio de associações, poderão formular regras de boas práticas e de governança que estabeleçam as condições de organização, o regime de funcionamento, os procedimentos, incluindo reclamações e petições de titulares, as normas de segurança, os padrões técnicos, as obrigações específicas para os diversos envolvidos no tratamento, as ações educativas, os mecanismos internos de supervisão e de mitigação de riscos e outros aspectos relacionados ao tratamento de dados pessoais.

Encontramos também uma referência no Capítulo VI que cita "mitigação de risco". Para cumprir o que pede o artigo 37, recomendo a leitura do capítulo "Relatório de impacto à proteção de dados pessoais" deste livro.

> Art. 37. O controlador e o operador devem manter registro das operações de tratamento de dados pessoais que realizarem, especialmente quando baseado no legítimo interesse. [...]
> Parágrafo único. Observado o disposto no caput deste artigo, o relatório deverá conter, no mínimo, a descrição dos tipos de dados coletados, a metodologia utilizada para a coleta e para a garantia da segurança das informações e a análise do controlador com relação a medidas, **salvaguardas e mecanismos de mitigação de risco adotados**. (grifos meus)

De acordo com a lei, temos que prever os riscos relacionados a um acidente se ele ocorrer e descrever quais foram as medidas adotadas para reverter os efeitos do prejuízo. Todo esse tema, na verdade, é muito amplo, e talvez seja necessária a contratação de profissionais de segurança da informação para ajudar no processo de análise e avaliação de seus ativos, mas não posso deixar de abordar esse assunto, pois é importante no processo de proteção.

A avaliação e a análise de riscos são muito importantes para dar visibilidade à situação dos ativos, assim como priorizar os investimentos e proteger os ativos da melhor maneira. Para isso você deve conhecer muito bem o seu ambiente.

> A avaliação de risco é parte da análise de risco, é um método de identificar vulnerabilidades e ameaças para avaliar os possíveis impactos e determinar como implementar controles de segurança.

Vamos simplificar bem as coisas e entender o que realmente é um risco:

Risco = Ameaça + Vulnerabilidade

Não existe risco se não há uma ameaça e uma vulnerabilidade associadas, e isso ficará mais claro quando você enumerar essas informações.

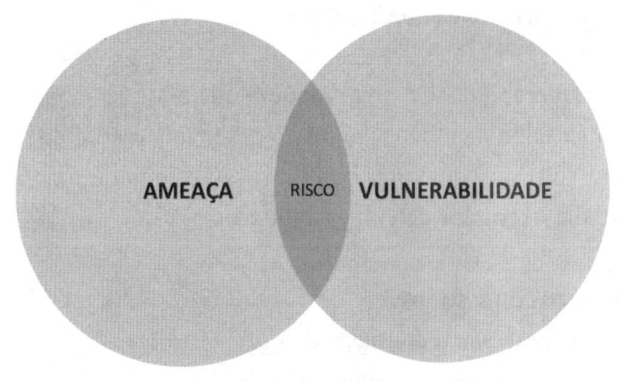

Figura 10 – Risco.

É necessário conhecer o risco e entender o que está associado a ele e se ele é um ativo. O ativo é tudo aquilo que tem valor para a corporação. Pode ser físico, como computadores e servidores, ou lógico, como dados pessoais e dados pessoais sensíveis. Veja alguns tipos de ativos:

- dados e informações;
- estações de trabalho;
- servidores;
- softwares;
- pessoas.

A ameaça é qualquer condição que possa causar dano, perda ou comprometimento de um ativo, e são muitas as ameaças existentes, como:

- desastres naturais;
- ataques cibernéticos;
- violação da integridade dos dados;
- vazamento de dados;
- *malwares*;
- *hackers*;
- *insiders* (atacantes internos).

A vulnerabilidade é uma fraqueza que pode ser explorada, é qualquer falha na prevenção ou no desenvolvimento do código de um software, qualquer configuração errada ou mal implementada. Exemplos de vulnerabilidades:

- erros de software;
- softwares mal configurados;
- segurança física inadequada;
- segurança lógica inadequada;
- locais (físicos) com probabilidade de desastres naturais.

Uma vez que você sabe o que são ameaça, ativo e vulnerabilidade, podemos partir para a análise de riscos. Para isso, você deve:

- identificar os ativos;
- identificar as possíveis vulnerabilidades;
- determinar a probabilidade de uma ameaça explorar uma vulnerabilidade existente;
- determinar o impacto de essas possíveis ameaças serem exploradas;
- determinar o risco.

IDENTIFICAR ATIVOS

Não podemos proteger o que não conhecemos, e conhecer o nosso ambiente computacional é um enorme desafio nos dias de hoje. Temos cada vez mais dispositivos conectados às nossas redes e uma grande explosão de dados sendo gerada, o que deixa o trabalho ainda mais desafiador. Devemos executar regularmente uma varredura a fim de identificar os dispositivos que estão conectados e se estes estão protegidos. Existem diversos softwares criados para esse propósito. Alguns permitem escanear toda a rede e então criar uma lista dos **endpoints** (computadores de usuários, servidores, impressoras, dispositivos de rede, câmeras, smartphones, tablets etc.) e listar todos os recursos de cada ativo e os softwares que estão instalados neles. Softwares de inventário permitem gerar relatórios e ter controle dos ativos, o que será muito útil no processo de análise de risco.

Mas não são somente os hardwares os ativos que devemos proteger. Também devemos levar em conta os dados e as informações. Se você já iniciou o processo de mapeamento de dados que expliquei na seção "Coleta de dados", você terá uma ideia de como criar uma planilha indicando onde estão os dados, o que nos dias de hoje, são ativos muito valiosos.

IDENTIFICAR AS POSSÍVEIS VULNERABILIDADES

Identificar vulnerabilidades para determinados ativos pode até parecer simples, mas, quanto mais se avança na análise, mais trabalhosa e complexa ela pode se tornar. Identificar vulnerabilidades é uma tarefa que exige um grande conhecimento do ativo em questão. Para nossa sorte, existem diversos softwares que permitem executar a análise de vulnerabilidade contra determinados ativos.

Se você se interessou por esse tema, recomendo fortemente que siga a documentação do NIST, "**Guide for Conducting Risk**

Assessments",[15] um material muito completo que lhe dará toda a base necessária para a execução e a análise de risco.

ANÁLISE DE RISCO QUALITATIVA

A análise de risco qualitativa é subjetiva, mas pode ajudar muito no projeto para determinar quais ações deveremos priorizar. Para uma análise mais aprofundada, é necessário o uso da análise quantitativa. Com essa análise, vamos trabalhar a probabilidade da ocorrência de um risco caso o ativo esteja sujeito a esse risco, ou seja, caso o ativo seja vulnerável, e qual impacto pode causar caso ocorra o dano. Existem muitas formas de se ter essa visão. Neste capítulo, apresentarei uma ideia mais simplificada, porém muito utilizada.

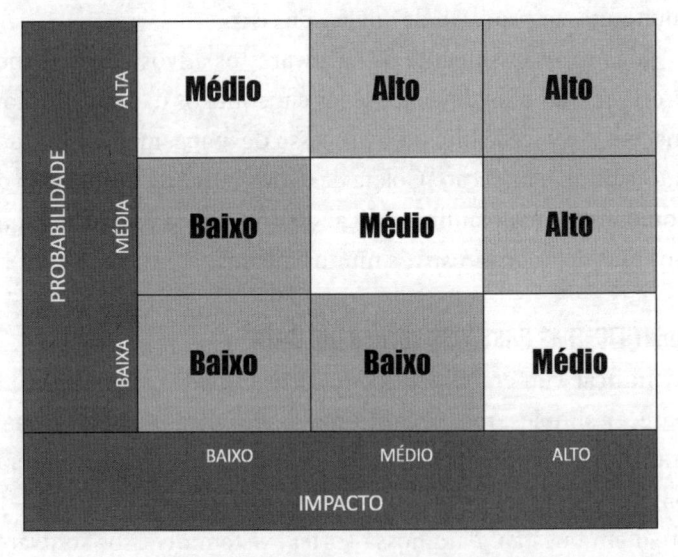

PROBABILIDADE \ IMPACTO	BAIXO	MÉDIO	ALTO
ALTA	Médio	Alto	Alto
MÉDIA	Baixo	Médio	Alto
BAIXA	Baixo	Baixo	Médio

Figura 11 – Análise de risco qualitativa.

---

15. Acesse o guia em: https://nvlpubs.nist.gov/nistpubs/legacy/sp/nistspecialpublication800-30r1.pdf.

Vamos imaginar que determinada empresa esteja fazendo a análise qualitativa de dois grupos de ativos que são **computadores portáteis (*laptops*) que possuem dados pessoais sensíveis.** No primeiro cenário, foi inventariado um *laptop* que fica no escritório da sede da empresa. No segundo, foi inventariado um *laptop* que fica com o vendedor em suas viagens de negócio. Os dois computadores são tecnicamente idênticos:

- possuem a versão mais nova e atualizada do Microsoft Windows 10 Enterprise;
- fazem parte do domínio do Active Directory da empresa;
- possuem todos os *paths* de segurança aplicados;
- não permitem a instalação de softwares que não sejam aprovados pela empresa (Software Whitelist);
- possuem antivírus atualizado;
- possuem acesso restrito por USB, tempo de bloqueio de estação e diversas outras configurações de segurança aplicadas por uma política de grupo;
- não possuem criptografia de disco (*bitlocker*);
- ambos tratam dados pessoais.

Precisamos analisar quais são as ameaças que podem afetar essas máquinas. São muitas. Seguem algumas apenas para ilustrar:

- ataque por vírus;
- ataque por *insider* (pessoa da empresa);
- ataque por dispositivos USB;
- roubo;
- ataque por vulnerabilidades de software.

Essa é uma lista supersimplificada, até mesmo porque eu cito o ataque por *insider*, mas podem acontecer dezenas de ataques de que eu tratarei mais adiante. Primeiro, vamos apenas pautar essas ameaças para exemplificar como podemos identificar qual ativo tem um risco **alto**, **médio** ou **baixo**. No primeiro cenário, o *laptop* fica dentro da empresa, tem todos os requisitos de segurança e ainda está na empresa, logo, a **probabilidade de sofrer algum ataque descrito é muito baixa**, mas, como ele contém dados pessoais sensíveis, se sofrer algum ataque, o **impacto será muito alto**.

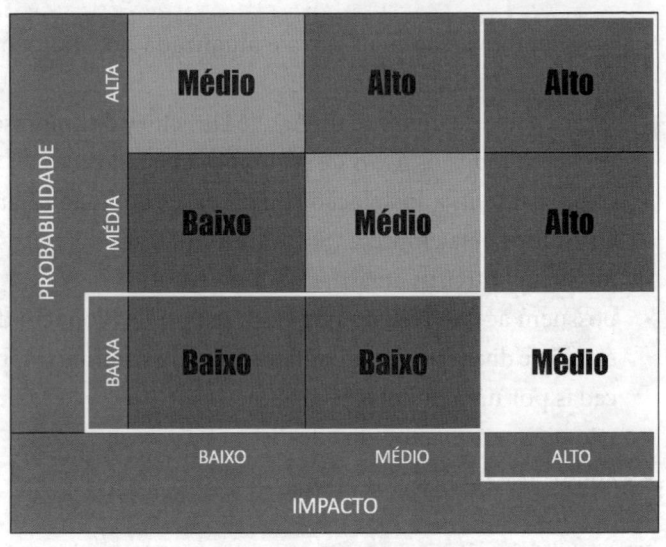

Figura 12 – Análise de risco médio.

Assim, marcando a probabilidade como baixa e o impacto como alto, teremos o resultado ativo com **risco médio**. Por outro lado, o computador que está com o vendedor possui as mesmas caraterísticas, mas, como está sempre em trânsito e não possui criptografia de disco, a probabilidade de um ataque é muito alta, pois o vendedor pode perder o *laptop* ou ser furtado/assaltado; e como ele também possui dados pessoais sensíveis, o impacto seria muito alto caso houvesse o comprometimento desses dados.

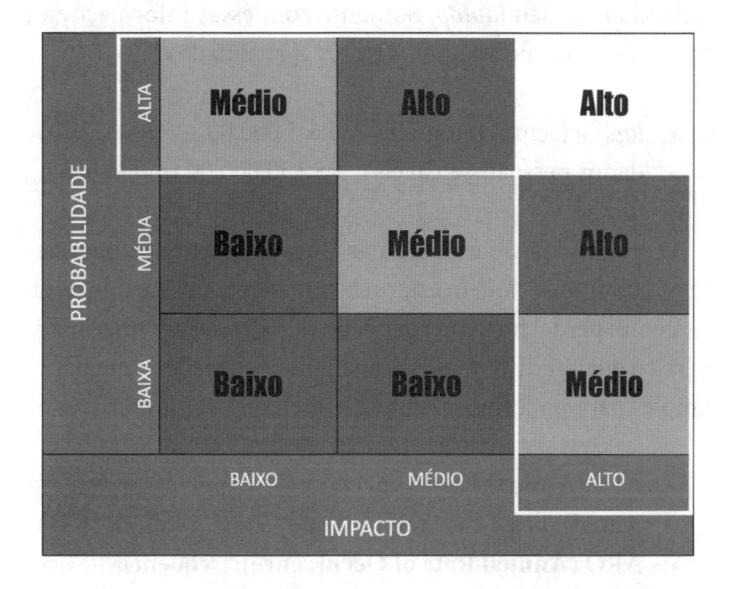

Figura 13 – Análise de risco alto.

Nesse exemplo, marcando a probabilidade como alta e o impacto como alto, teremos um ativo **com risco alto.**

Esse modelo, apesar de muito simples, é bem interessante para se ter uma ideia de análise de risco. Mas é na análise quantitativa que você saberá o custo associado aos riscos e seus respectivos ativos.

ANÁLISE DE RISCO QUANTITATIVA

É importante ressaltar que esse tema de que vamos tratar agora não é uma obrigatoriedade em relação à lei, porém é um exercício que vale a pena para entender quais medidas devemos tomar quando temos situações de risco.

Vamos imaginar como exemplo um *laptop* que será usado por um funcionário de sua companhia e que contém dados pessoais. Nesse exemplo, temos um funcionário remoto que sempre está viajando com seu *laptop*. Somente com essas informações, já podemos quantificar alguns valores aproximados:[16]

- *laptop* (sem criptografia) = R$ 3.000,00
- dados pessoais sensíveis = R$ 150.000,00 (multa baixa).

O próximo passo é analisar as ameaças existentes, que, além de serem muitas, podem estar relacionadas com esse tipo de ativo, como: perda; furto ou roubo; ou *malwares*. Para uma análise de risco quantitativa, vamos usar algumas equações matemáticas simples para podermos identificar melhor o valor do risco:

- **ALE (Annual Loss Expectancy – Expectativa de Perda Anual)**: nesse caso teremos que também saber o **ARO**.
- **ARO (Annual Rate of Occurrence)**: frequência de ocorrências por ano dessa ameaça.
- **SLE (Single Loss Expectancy – Expectativa de Perda Única)**: para esse resultado teremos que saber o EF.
- **EF (Exposure Factor – Fator de Exposição)**: valor porcentual subjetivo relacionado à ocorrência de uma ameaça.
- **SLE (Single Loss Expectancy – Expectativa de Perda Única)**: valor em dinheiro determinado a um único evento que representa potencial perda se uma ameaça específica ocorrer, e dependemos também do **valor do fator de exposição (EF)**, que é a porcentagem potencial subjetiva de perda para um ativo específico se uma ameaça específica acontecer.

Para ficar ainda mais fácil o entendimento, vamos imaginar uma situação em que tenhamos determinado ativo que são os dados pessoais sensíveis em um *laptop* que não está criptografado.

---

16. Valor do ativo, que é denominado AV (Asset Value).

Nesse nosso cenário, o EF será de 100%, afinal, se acontecer, não há o que fazer, mas certos cenários, como a localização de um *datacenter* que está sujeito a inundações, não significam uma perda de 100%, talvez uma de 30% se esse tipo de ameaça se realizar.

> SLE = AV × EF
> Ativo (R$ 153.000,00) × 100% = R$ 153.000,00 (SLE)

A **Expectativa de Perda Anual (ALE)** caso a empresa tenha a **ocorrência anual (ARO)** de perder *laptops* por roubos ou furtos de cerca de 5 ao ano será de:

> ALE = SLE × ARO
> R$ 153.000,00 (SLE) × 5 (ARO) = R$ 765,000,00 (ALE)

Concluímos que, se a implementação de um sistema de criptografia de disco e recursos de proteção contra roubos e furtos de *laptops* for inferior ou próxima do valor do ALE, vale a pena investir nela. Aliás, tratando-se de dados pessoais, vale a pena sempre investir na proteção deles.

Em relação à segurança da informação, o valor de um ativo é sempre algo subjetivo. Se você não investir na proteção desse ativo e ocorrer algum acidente, existe a possibilidade de a imagem da empresa ser prejudicada, podendo ser comprometida e gerar um impacto muito maior que o esperado. A imagem de uma empresa que sofreu ataques fica muito negativa, pois os ataques sempre causam danos muito grandes à reputação, então vale a pena uma análise bem aprofundada sobre o ativo e o risco associado.

GERENCIAMENTO DE VULNERABILIDADES

Vamos tratar neste capítulo sobre a diminuição da superfície de ataque, o que contempla diminuir vulnerabilidades, que são um tipo de fraqueza que pode ser explorado. Para explorar uma vulnerabilidade, o atacante vai utilizar não só o conhecimento, como também ferramentas que irão permitir executar ações que podem lhe fornecer acesso a sua rede, seu sistema, seu banco de dados etc.

> O gerenciamento de vulnerabilidades é a prática que permite identificar, classificar, corrigir e mitigar vulnerabilidades.

Esse processo envolve o conhecimento das tecnologias envolvidas e, em determinados casos, o uso de softwares especializados que permitem gerar um relatório de apoio ao gerenciamento de vulnerabilidades. O importante é perceber que existem muitos ativos que podem estar vulneráveis, como:

- **hardwares** – podem ser roubados ou estar sujeitos a problemas físicos (sujeira, umidade) ou *firmwares* desatualizados;
- **softwares** – falha de *design* ou falha de configuração;
- **redes** – arquitetura de rede insegura por *design* ou configuração;

- **pessoas** – falta de conhecimento e conscientização de segurança;
- **ambientes físicos** – desastres naturais, falha na implantação de segurança.

Adotar a prática de gerenciamento e vulnerabilidade permite detectar e corrigir falhas por meio da análise de vulnerabilidades antes que essas possam ser exploradas por pessoas mal-intencionadas.

PLANO DE RECUPERAÇÃO DE DESASTRES

Nunca podemos nos esquecer da famosa tríade em segurança da informação: **confidencialidade, integridade e disponibilidade**. O tema desta seção envolve esses três pilares e os esclarece mais ainda, pois acabamos de ver que existem muitos ativos que podem ser vulneráveis (e, se existe uma ameaça, existe um risco). Agora estamos tratando de riscos de destruição, pois, por mais controles que você adote para prevenir, é necessário estar preparado. Você pode estar se perguntando o que isso tem a ver com a LGPD. Vamos dar uma olhada no artigo 46:

> Art. 46. Os agentes de tratamento devem adotar medidas de segurança, técnicas e administrativas aptas a proteger os dados pessoais de acessos não autorizados e de situações acidentais ou ilícitas de destruição, perda, alteração, comunicação ou qualquer forma de tratamento inadequado ou ilícito.

E, claramente, no artigo 50:

> Art. 50. Os controladores e operadores, no âmbito de suas competências, pelo tratamento de dados pessoais, individual-

> mente ou por meio de associações, poderão formular regras de boas práticas e de governança que estabeleçam as condições de organização, o regime de funcionamento, os procedimentos, incluindo reclamações e petições de titulares, as normas de segurança, os padrões técnicos, as obrigações específicas para os diversos envolvidos no tratamento, as ações educativas, os mecanismos internos de supervisão e de mitigação de riscos e outros aspectos relacionados ao tratamento de dados pessoais. [...]
> g) conte com planos de resposta a incidentes e remediação; e
> h) seja atualizado constantemente com base em informações obtidas a partir de monitoramento contínuo e avaliações periódicas;

De modo bem generalista, é necessário identificar quais ativos possuem maior dependência ao negócio e maior risco associado, e então criar um plano de recuperação em caso de desastre para não afetar as operações comerciais e a segurança. Muitos ataques de *hackers* também têm como objetivo interromper a disponibilidade de recursos críticos para a empresa, e esse tipo de comprometimento pode vir como um anúncio de ataques mais elaborados a fim de roubar informações.

Sistemas de recuperação contra desastres fazem uso de tecnologias de *backup*, replicação e/ou redundância de software ou hardware. Ao implementar ou verificar essas tecnologias, devemos ter atenção especial aos requisitos e às capacidades de proteção das informações. Estejam elas *on-premises* ou na nuvem, é importante garantir a confidencialidade e a integridade dos dados que estão incluídos no *backup* ou que estão sendo replicados.

Devem-se também levar em conta o tempo para proteção e o prazo de recuperação, conhecidos como **Objetivos de Ponto de**

Recuperação (RPOs) e Objetivos de Tempo de Recuperação (RTOs):

- **RPOs** – indicam o ponto no qual a perda de informação é aceita em caso de uma falha. Imagine que estamos pensando em fazer um *backup* e planejamos fazer apenas de madrugada, e nossa empresa funciona em horário comercial. Nesse caso, se uma falha ocorrer às 16h do dia seguinte, não haverá como recuperar as perdas do dia, pois o último *backup* terá sido executado na noite anterior;
- **RTOs** – estão relacionados ao tempo que leva para recuperar o ambiente/*backup* ou os dados específicos de um incidente até que as operações retornem normalmente. Deve-se levar em conta o tempo de inatividade e se esse tempo oferece danos à produtividade ou problemas de segurança.

PRINCIPAIS AMEAÇAS E A LGPD

Inicialmente, este capítulo seria sobre as principais ameaças, mas, como são muitas, e talvez este livro perdesse o foco, resolvi dar mais atenção às ameaças mais comuns e àquelas que, de alguma maneira, têm uma relação direta com o tratamento de dados pessoais. A lei não deixa nada explícito sobre ameaças, mas sabemos que deixa claro o fato de que devemos adotar regras de boas práticas, governança e proteção dos dados, como dito no artigo 46:

> Art. 46. Os agentes de tratamento devem adotar medidas de segurança, técnicas e administrativas aptas a proteger os dados pessoais de acessos não autorizados e de situações acidentais ou ilícitas de destruição, perda, alteração, comunicação ou qualquer forma de tratamento inadequado ou ilícito.

Conhecer as ameaças é uma ótima maneira de identificar riscos. E, para adotar a medida correta, você deve saber se existem vulnerabilidades e ameaças. O inverso também é verdadeiro e nos ajuda até mesmo a repensar a segurança. A não ser que você seja um *pentester*,[17] é muito difícil pensar como um atacante, e conhecer as ameaças é dar um pequeno mergulho na mente dos *hackers*.

---

17. Profissional que executa testes de intrusão ou "testes de penetração", método de avaliação de segurança que simula um ataque de *hacker*.

As ameaças que eu quero apresentar neste capítulo são conjuntos de "ator + ataque". E, por isso, antes de iniciar a lista de possíveis ataques que seu sistema ou sua rede podem sofrer, vamos conhecer os possíveis atores desses eventos.

Sempre que falamos em ataques, é comum virem à mente os *hackers*, e essa denominação ficou associada a algo sempre malicioso e ilegal. No entanto, um *hacker* vai além disso: ele é um indivíduo que se dedica a conhecer os mecanismos e entendê-los profundamente, a fim de solucionar problemas, principalmente no meio cibernético.

Sei que não é fácil mudar esse conceito, mas existem algumas categorias que nos ajudam a identificar cada tipo, e vou enumerar algumas:

- **white hat** – é o *hacker* ético, que estuda os sistemas com foco em segurança e se torna um especialista em *cybersecurity*;
- **black hat** – é um *hacker* não ético, que utiliza seu conhecimento para fins criminosos ou maliciosos; é também conhecido como *cracker*;
- **grey hat** – seria como um *hacker* intermediário entre o *white* e o *black*, ele invade sistemas por diversão, mas não causa danos nem rouba dados. Essa denominação não me parece muito agradável, pois qualquer invasão de sistemas é considerada crime;[18]
- **blue hat** – é um *hacker* contratado por empresas para encontrar vulnerabilidades em seus sistemas antes do lançamento de produtos, websites ou aplicativos;

---

18. Invasão de dispositivo informático é crime pela Lei Carolina Dieckmann, que é como ficou conhecida a Lei n. 12.737/2012, sancionada em 30 de novembro de 2012: http://www.planalto.gov.br/ccivil_03/_ato2011-2014/2012/lei/l12737.htm.

- **hacktivista** – é um *hacker* que usa suas habilidades com a intenção de ajudar causas sociais, políticas, ideológicas, religiosas etc.;
- **Nation States Hackers** – são *hackers* contratados por governos e/ou agências de inteligência e fazem parte de grupos de guerra cibernética.

Alguns desses são atores que podem deflagrar um ataque contra sua empresa, independentemente do tamanho e da área de atuação. Podem existir muitos motivos para isso, como a dominação de servidores e redes para agir contra outros alvos.

Existe um outro ator nesse cenário, que, a meu ver, é o que mais causa danos às corporações: o *insider*. Como explicado, os *insiders* são usuários internos e legítimos de uma corporação, o que significa que eles já estão na sua rede e têm acesso, mesmo que limitado, aos recursos e informações. Um *insider* pode ser um funcionário descuidado ou descontente, ou um ex-funcionário em busca de vingança (acredite, isso é muito comum e oferece um alto risco), e pode até mesmo ser um terceiro mal-intencionado.

Um *insider* sem os conhecimentos adequados pode deixar rastros que o levem até ele, porém, é possível também que ele utilize táticas em que pode acabar usando credenciais de outros colaboradores, dificultando a sua identificação. A melhor maneira de se proteger desse ator é aplicando os princípios de menor privilégio e controle de acesso.

Agora que já temos os atores, vamos conhecer os ataques mais comuns que eles podem utilizar a fim de comprometer o seu ambiente. Muito possivelmente, o *hacker* irá seguir uma estrutura de ataque que permita alcançar o objetivo, e dela fazem parte o reconhecimento do alvo, o escaneamento e a enumeração, o acesso, a manutenção do acesso e, por fim, a limpeza de rastros, o que quase nunca acontece, permitindo a identificação do atacante.

Figura 14 – Ataque *hacker*.

Uma pesquisa feita em 2016[19] descobriu que, em um terço das organizações pesquisadas, o comportamento descuidado ou malicioso dos usuários resultou em vazamento de dados; uma em cada três organizações sofreu um ataque interno; e 42% das empresas podem acabar levando mais de um ano para detectar se houve algum comprometimento.

ENGENHARIA SOCIAL
Engenharia social é um termo utilizado para descrever um método de ataque em que alguém faz uso da persuasão, muitas vezes abusando da ingenuidade ou da confiança do usuário. É um conjunto de métodos e técnicas de manipulação psicológica de pessoas a fim de conseguir a execução de ações ou de modo que a pessoa possa divulgar informações confidenciais. É muito difícil mitigar um ataque de engenharia social, pois isso envolve pessoas e sentimentos, e as pessoas são facilmente manipuláveis.

Para entender como a engenharia social funciona e vê-la em ação, recomendo o vídeo do quadro do programa de televisão *Jimmy Kimmel Live!*, de 2015, intitulado **"What is your**

---

19. Pesquisa da Bitglass sobre insiders, publicada no website Help Net Security: https://www.helpnetsecurity.com/2016/09/30/insider-attack/.

password?",[20] no qual são feitas perguntas sobre as senhas, e as pessoas são levadas a revelar detalhes surpreendentes. Como parte da engenharia social, também existem técnicas que fazem uso de dispositivos físicos (pen-drives ou cabos, por exemplo) que foram modificados e, por distração ou vontade própria do indivíduo, comprometem os sistemas. Portanto, nunca use unidades USB desconhecidas.

Em alguns dos meus vídeos do meu canal do YouTube,[21] utilizo dispositivos tipo **Arduino** (**Digispark**) ou **USB Rubber Ducky**, um produto da empresa **HAK5** que ficou famoso devido à série de televisão *Mr. Robot*. Esses dispositivos permitem ataques de engenharia social.

Outros tipos de ataques (vetores) que se enquadram na engenharia social são: *shoulder surfing*, *dumpster diving*, *phishing*, entre outros, que serão tratados adiante.

DATA *EXFILTRATION*

É o que ocorre quando o ator malicioso realiza uma transferência de dados não autorizada de um computador. É o ataque mais temido para quem está no projeto de conformidade com a LGPD.

Várias técnicas são utilizadas por pessoas mal-intencionadas para realizar a exfiltração de dados, entre elas a já citada engenharia social e as próximas técnicas que vamos explorar adiante.

SHOULDER SURFING

Faz parte da engenharia social e é um ataque muito simples e eficiente. A ideia é obter informações como números de identificação pessoal, senhas e outros dados confidenciais apenas olhando enquanto a pessoa escreve ou digita. Hoje, com celulares com câmeras cada vez mais potentes, é mais fácil ainda cair nesse golpe.

---

20. Veja o vídeo em: https://youtu.be/opRMrEfAlil.
21. Acesse o canal em: https://youtube.com/danieldonda.

A melhor maneira de prevenir é com treinamento e conscientização: ensinar as pessoas a evitar digitar uma senha ou informações confidenciais quando desconhecidos ou suspeitos estiverem olhando e a usar senhas fortes, evitando senhas com padrões geométricos do teclado, por exemplo "159753" ou "qwerty".

Existem películas/filtros de proteção para telas de *laptops* e computadores chamadas "filtros de privacidade", que são facilmente encontradas em websites especializados e permitem que apenas quem está em frente ao monitor consiga enxergar a tela.

DUMPSTER DIVING

É uma técnica usada para recuperar informações que podem ser utilizadas para realizar um ataque a uma rede de computadores. O **dumpster diving**, traduzindo literalmente, seria "mergulho na lixeira", e é basicamente uma busca no lixo da corporação à procura de informações confidenciais ou que poderão ajudar em outros ataques. Os atacantes procuram por senhas ou dados pessoais escritos em notas, agendas velhas, documentos corporativos com e-mails ou outras informações sensíveis que poderão ser usados com **phishing** ou **spear phishing**, que serão tratados mais adiante neste capítulo. Algumas empresas ainda descartam mídias físicas, como DVDs, discos rígidos e outros componentes, e é muito fácil recuperar informações desses dispositivos, mesmo quando foram formatados.

A melhor maneira de prevenir esse tipo de golpe é com uma política de descarte em que sejam destruídos: CDs/DVDs que contenham dados pessoais, discos rígidos de PCs ou laptops e documentos com dados sensíveis.

Muitas empresas em que trabalhei possuíam máquinas fragmentadoras de papel e CDs/DVDs, e isso é uma ótima solução, mas ainda assim não é tão eficaz quanto o treinamento de seus usuários.

PHISHING

É o tipo de golpe em que um atacante tenta obter dados pessoais e financeiros de um usuário pela utilização combinada de meios técnicos e engenharia social usando e-mails falsos de grandes empresas com links maliciosos. Esses e-mails sempre pedem de forma educada por atualizações, validação ou confirmação de informações pessoais, e quase sempre estão relacionados a algum tipo de problema a ser resolvido. Não é difícil encontrar esse tipo de ataque, basta olhar na pasta *"spam"* do e-mail que encontraremos centenas de tentativas de *phishing*.

O nome desse ataque vem da palavra em inglês *fishing* (pesca), devido à semelhança entre as duas técnicas, pois o atacante cria e dispara uma armadilha e espera alguém cair ao clicar em uma URL falsa ou ao preencher algum formulário em e-mails com formatação HTML. Portanto, nunca abra anexos de e-mails não confiáveis, não preencha formulários nem clique em URLs desconhecidas.

Alguns atacantes podem fazer o uso prévio de técnicas de reconhecimento, o que inclui buscas avançadas na internet com o uso, por exemplo, do **Open Source Intelligence (OSINT) Framework**[22] e a enumeração do máximo possível de informações do alvo. Com mais detalhes sobre o alvo, o atacante pode então criar um e-mail com mais riqueza nos detalhes e então partir para um ataque mais direcionado.

SPEAR PHISHING

Muito similar ao *phishing*, o *spear phishing* tem como alvo instituições ou indivíduos específicos, o que aumenta as chances de sucesso nesse tipo de ataque, pois faz com que os e-mails sejam muito mais pessoais que a técnica de *phishing*.

As técnicas de proteção contra esse tipo de ataque continuam sendo o treinamento para evitar clicar em links desconhecidos e executar anexos de e-mails.

---

22. Mais informações em: https://osintframework.com/.

WHALING

É similar ao *spear phishing*, mas busca atacar pessoas mais relevantes, com altos cargos executivos, por isso o nome *whaling* (pesca de baleia). Esses ataques geralmente são criados em forma de notificações judiciais ou outras questões empresariais.

MAN-IN-THE-MIDDLE

Ataque preferido dos *hackers* e que é usado em conjunto com vários outros tipos de ataques, o ***man-in-the-middle*** (**MITM**), que literalmente significa o "homem no meio", consiste em interceptar a comunicação do alvo e então analisar os dados.

Existem muitas formas de o atacante se posicionar como o **MITM**, uma delas é criando pontos de acesso *wireless*, e certamente pessoas irão se conectar a essa rede ou até mesmo utilizar dispositivos de hardware para os usuários se associarem à rede Wi-Fi confiada de maneira automática. Na maioria das vezes, a vítima não sabe que, no meio da comunicação com a internet, existe um *hacker* lendo todos os dados que estão sendo trafegados.

Figura 15 – Ataque MITM.

Durante o ataque MITM, a comunicação é interceptada pelo atacante e retransmitida. O atacante pode decidir retransmitir os dados inalterados ou com alterações, ou ainda bloquear partes da informação. O mais comum em um ataque desse tipo é que o atacante se passe pelo *gateway* de acesso à internet. Isso é possível a partir do ataque *ARP spoofing*.

Existem alguns softwares que permitem a identificação de placas de rede que entram em modo "promíscuo", o que pode indicar que esse tipo de ataque está acontecendo, mas nem sempre é efetivo. O melhor modo de proteção contra esse tipo de ataque é a criptografia da comunicação, geralmente aplicada apenas em algumas redes ou alguns servidores. Nativamente, é possível utilizar o IPSec, recurso nativo do Windows que permite o uso de certificados digitais com chaves criptográficas altamente complexas e eficazes, como a criptografia de curvas elípticas.[23]

Quando se trata de computadores pessoais, como *laptops*, que precisam acessar uma rede Wi-Fi pública, sempre use uma VPN. Há ainda a possibilidade de uso de recursos como HTTPS Everywhere,[24] uma extensão para o seu navegador que criptografa sua comunicação com vários dos principais websites.

ARP SPOOFING

Utilizada para iniciar um ataque MITM, essa técnica também é conhecida como ARP *cache poisoning* e faz uso do **Address Resolution Protocol (ARP)**,[25] um protocolo desenvolvido para resolver endereços IP para endereços Media Access Control (MAC). MAC é o endereço físico que consiste em um número único a cada dispositivo de rede, possibilitando o envio de pacotes. Todos os dispositivos de rede que precisam se comunicar na rede usam Broadcast ARP para descobrir os endereços MAC de outras máquinas.

---

23. A criptografia da curva elíptica utiliza um algoritmo para encriptar e decriptar dados por pares de chaves públicas e privadas. Seu algoritmo é seguro e eficiente em comparação a outros métodos mais populares.
24. Veja mais sobre esse recurso em: https://www.eff.org/https-everywhere.
25. Mais informações em: https://tools.ietf.org/html/rfc826.

Alguns softwares permitem que o atacante envie respostas ARP indicando que ele é o *gateway* da rede e, ao alterar (envenenar) a tabela local de endereços, o MAC, a máquina fica comprometida e passa a enviar todos os pacotes destinados à internet para a máquina do *hacker*.

Existem muitas ferramentas e equipamentos que podem ajudar. Um exemplo é o recurso Dynamic ARP Inspection, da Cisco, que ajuda a impedir ataques mal-intencionados no *switch*, não retransmitindo solicitações e respostas ARP inválidas para outras portas na mesma VLAN.[26] Também é possível trabalhar com uma entrada ARP estática no servidor, ajudando a reduzir o risco de falsificação. Uma entrada ARP estática cria uma entrada permanente no *cache* do ARP.

DNS SPOOFING

É uma técnica utilizada geralmente em conjunto com o ataque MITM, mas que pode ser executada isoladamente e tem como função alterar os endereços dos servidores DNS usados pela vítima para obter o controle sobre as buscas realizadas.

DNS é a sigla para **domain name system** (sistema de nomes de domínios), responsável por resolver nomes como www.microsoft.com em endereços IP, como 200.159.145.177.

O **DNS** *spoofing* pode simplesmente alterar os endereços IP dos servidores DNS da vítima para apontar servidores maliciosos ou envenenar a *cache* de DNS (**DNS** *cache poisoning*) do mesmo modo que o *ARP spoofing*.

Uma vez que o atacante utilizar o DNS *spoofing*, ele pode alterar o endereço de IP para qualquer outro, e a vítima, sem perceber, pode acabar acessando websites que são réplicas do original, mas que possuem códigos maliciosos que podem capturar seus dados ou até mesmo executar códigos para comprometer o sistema.

---

26. VLAN é uma rede logicamente independente.

Se a sua empresa possui um DNS próprio ou tem capacidade de implementações de segurança nos servidores, a melhor prática contra esse ataque é o DNSSEC. O DNSSEC é um recurso poderoso no DNS, porque assina criptograficamente consultas DNS para que o usuário possa confiar na do servidor. Em redes externas, como redes de Wi-Fi públicas, a melhor proteção é apenas fornecer informações ou fazer *downloads* de websites em que você confia.

SNIFFING

O ataque de *sniffing* é a leitura ou a interceptação de dados por meio da captura do tráfego de rede usando um *sniffer* (aplicativo para capturar pacotes de rede). Esse ataque pode ser executado isoladamente ou em conjunto com o MITM e vale tanto para a rede sem fio como para as redes cabeadas. A maior preocupação com o *sniffing* é que muitos dados trafegam pela rede em texto puro, ou seja, não estão criptografados, e, por isso, um atacante pode analisar facilmente os pacotes de protocolos de e-mail (SMTP, POP, IMAP), web (HTTP) e FTP (senhas FTP, SMB, NFS) à procura de dados sensíveis.

A melhor maneira de prevenir esse tipo de ataque é forçar a utilização de protocolos de comunicação mais seguros que permitam a criptografia das comunicações, do mesmo modo que temos que fazer com ataques do tipo MITM.

RANSOMWARE

O *ransomware* é um tipo de *malware* (software malicioso) que criminosos usam para extorquir dinheiro. Esse *malware* irá criptografar e manter os dados como reféns enquanto não houver um pagamento. A expectativa é que ataques *ransomware* cresçam cada vez mais nos próximos anos, e você, com o pouco que viu neste capítulo, já tem a capacidade de treinar o seu usuário para se proteger até mesmo de um *ransomware*.

Manter o sistema sempre atualizado e com um software de antivírus irá elevar ao máximo a prevenção contra *ransomwares* e outros *malwares*. Faça *backup* regularmente, pois, se você sofrer um ataque de *ransomware*, seus dados permanecerão seguros, e nunca pague o resgate: é melhor não negociar com cibercriminosos.

O TÉRMINO DO TRATAMENTO DE DADOS

Este capítulo é muito interessante, e o assunto gera dúvidas constantes, como por quanto tempo é possível armazenar os dados pessoais. A resposta é que não há na lei um tempo máximo pelo qual os dados podem ficar armazenados, até mesmo porque cada setor, seja ele comercial ou público, possui necessidades específicas ao manter os dados sob sua guarda. Se os dados coletados não são mais necessários, a melhor prática é eliminá-los. No entanto, depende muito do fundamento utilizado para coleta e tratamento dos dados. Se não estiverem sendo coletados para fins de obrigação legal, estudo ou transferência para terceiros (respeitando os artigos referentes ao tema na lei), é importante que isso seja muito bem discriminado no momento da solicitação de consentimento. Quanto mais claro e objetivo estiver, melhor será.

A lei diz:

> Art. 15. O término do tratamento de dados pessoais ocorrerá nas seguintes hipóteses:
> I - verificação de que a finalidade foi alcançada ou de que os dados deixaram de ser necessários ou pertinentes ao alcance da finalidade específica almejada;
> II - fim do período de tratamento;
> III - comunicação do titular, inclusive no exercício de seu

> direito de revogação do consentimento conforme disposto no § 5º do art. 8º desta Lei, resguardado o interesse público; ou
> IV - determinação da autoridade nacional, quando houver violação ao disposto nesta Lei.
> Art. 16. Os dados pessoais serão eliminados após o término de seu tratamento, no âmbito e nos limites técnicos das atividades, autorizada a conservação para as seguintes finalidades:
> I - cumprimento de obrigação legal ou regulatória pelo controlador;
> II - estudo por órgão de pesquisa, garantida, sempre que possível, a anonimização dos dados pessoais;
> III - transferência a terceiro, desde que respeitados os requisitos de tratamento de dados dispostos nesta Lei; ou
> IV - uso exclusivo do controlador, vedado seu acesso por terceiro, e desde que anonimizados os dados.

Um exemplo muito comum de manutenção de dados pessoais em posse da empresa é quando determinado candidato envia seus dados pessoais e seu currículo para participar de um processo seletivo, situação em que ele tem a expectativa de ter seus dados tratados para fins de possível contratação naquela vaga. Então, se o processo seletivo for encerrado, a empresa deverá excluir os dados pessoais do candidato; caso contrário, deverá informar o candidato sobre a possibilidade de chamá-lo no futuro, mas para isso deverá informar ao titular o tempo máximo determinado de armazenamento dos dados. É em situações como essa que o titular pode solicitar o direito de oposição e pedir a exclusão dos dados, como podemos identificar no artigo 18:

> Art. 18. O titular dos dados pessoais tem direito a obter do controlador, em relação aos dados do titular por ele tratados, a qualquer momento e mediante requisição: [...]

> VI - eliminação dos dados pessoais tratados com o consentimento do titular, exceto nas hipóteses previstas no art. 16 desta Lei;

Em outro exemplo, temos a coleta de informações pessoais obtidas para a participação em campanhas promocionais, que são muito comuns em *shoppings* na época de comemorações como Dia das Mães ou Natal. Essas promoções que coletam dados para sorteios possuem uma clara finalidade e um prazo determinado. Por isso, as empresas devem eliminar completamente os dados tão logo termine a campanha.

Na prática, a eliminação dos dados é um processo simples, mas exige atenção quando houver a necessidade de descarte físico de equipamentos, pois, do ponto de vista de segurança da informação, devemos ter certeza de que os dados foram eliminados de maneira a não permitir que pessoas mal-intencionadas possam recuperar as informações excluídas e comprometer a privacidade ou o ambiente.

Os modos de eliminação variam entre os diversos sistemas de armazenamento existentes e nem sempre representam exclusão definitiva. Um exemplo é a formatação de um disco físico (HDD), que pode ter os seus dados recuperados com a utilização de softwares específicos. Alguns softwares permitem a formatação e a exclusão usando métodos mais avançados, que prometem a destruição dos dados em discos (HDD e SSD). Para exclusão de arquivos em HDD, podemos contar com softwares que utilizam métodos como o Gutmann ou o DoD 5220.22M, algoritmos avançados de exclusão.

No caso de descarte físico, existem empresas que fornecem o serviço de apoio para o correto descarte de discos utilizando máquinas desmagnetizadoras e trituradores que destroem as informações contidas em discos rígidos, o que permite a destruição física completa.

A NUVEM E A LGPD

Será que a nuvem é segura? Será que as minhas informações estarão seguras? Quem vai garantir que os provedores de serviços de nuvem estão tratando os meus dados de maneira segura?

Bem, essas são as perguntas que eu mais recebo no dia a dia como consultor. Quando se decide usar um provedor de serviços de nuvem ou terceirizar os recursos de TI, questões desse tipo sempre geram preocupação. Essas dúvidas são muito importantes principalmente no que diz respeito à LGPD, que, na Seção I, "Do Controlador e do Operador", do Capítulo VI, "Dos Agentes de Tratamento de Dados Pessoais", dispõe:

> Art. 37. O controlador e o operador devem manter registro das operações de tratamento de dados pessoais que realizarem, especialmente quando baseado no legítimo interesse.
> Art. 38. A autoridade nacional poderá determinar ao controlador que elabore relatório de impacto à proteção de dados pessoais, inclusive de dados sensíveis, referente a suas operações de tratamento de dados, nos termos de regulamento, observados os segredos comercial e industrial.

Não podemos esquecer que o controlador é a empresa que decide adotar um serviço de nuvem, e o operador é o provedor de serviço de nuvem. Ainda de acordo com a lei, sabemos que existem distintas responsabilidades em relação ao tratamento de dados. Segurança será o fator decisivo na escolha de um fornecedor de nuvem pública. É muito importante escolher um provedor de serviços de nuvem que possa fornecer informações detalhadas com as descrições dos processos no tratamento de dados.

Agora, respondendo às perguntas do início do capítulo: os principais provedores de soluções na nuvem já passaram por situações semelhantes ao regulamento do direito europeu sobre privacidade e proteção de dados pessoais, o **GDPR**. Para demonstrar que são seguros e que possuem todos os controles necessários para o tratamento de dados pessoais na nuvem, os provedores atestam os seus ambientes com padrões, regulamentações e certificações.

Os provedores de soluções em nuvem possuem muitos controles de segurança em seus sistemas que dão aos clientes a garantia de que os dados serão tratados conforme os principais padrões de segurança. Veja alguns exemplos desses recursos:

- **Segurança física dos *data centers*** monitorados 24 horas por dia, 7 dias por semana, com câmeras internas e externas e um restrito controle de acesso digno de filmes de Hollywood.
- **Restrições geográficas, ou *geoblocking***, baseadas em distribuição geográfica, permitem que o cliente escolha em quais *data centers* o dado poderá transitar ou ser armazenado.
- *Encrypt data at rest* (criptografia em repouso) é um recurso que ajuda a garantir que dados confidenciais salvos no armazenamento persistente não sejam legíveis por qualquer usuário ou aplicativo sem a devida autorização.
- *Encrypt data in transit* (criptografia em trânsito) é a capacidade de criptografar dados em trânsito de um

sistema para outro utilizando meios criptográficos altamente seguros.

E, como controlador, cabe a você escolher entre os outros recursos que cada fornecedor poderá oferecer o que mais se adapta aos seus negócios. O que não deve ser deixado de lado são as certificações e os padrões de regulamentação que o provedor possui. Existem muitos padrões, regulamentações e certificações de segurança para diferentes setores da indústria (consumidor final, bancos, governos, educação, saúde etc.), por exemplo:

- ISO 27001;
- ISO 27017;
- ISO 27018;
- SOC 1;
- SOC 2;
- SOC 3;
- PCI DSS;
- HIPAA;
- FIPS;
- GDPR (que vai nos ajudar na LGPD).

Você pode consultar como os provedores tratam as questões de privacidade e proteção acessando os links:

- **Azure:** https://servicetrust.microsoft.com
- **GCloud:** https://cloud.google.com/security/compliance
- **AWS:** https://aws.amazon.com/pt/compliance

Anteriormente, falamos sobre a ISO 27000 e a importância de seguir um padrão ou uma norma, pois isso nos dá os caminhos mais certos para identificar como podemos proteger nosso ambiente computacional.

Vamos conhecer agora outro conjunto de validações de segurança que é voltado exclusivamente para provedores de serviços de nuvem: os Service Organization Controls (SOC).

SERVICE ORGANIZATION CONTROLS (SOC)

O **American Institute of Certified Public Accountants (AICPA)** desenvolveu uma estrutura de relatório de gerenciamento de riscos de segurança cibernética. As empresas podem utilizar esses relatórios para demonstrar seus esforços de gerenciamento de riscos de segurança cibernética e apresentar sistemas, processos e controles existentes para detectar, prevenir e responder a violações.

Assim, o **AICPA** desenvolveu o **Service Organization Controls (SOC) Framework**, um padrão de relatórios que permite entender como estão a proteção da confidencialidade e a privacidade das informações armazenadas e processadas por empresas provedoras de serviços. É aí que se encaixam os provedores de serviços de nuvem computacional.

Esse framework utiliza um padrão de relatórios para organizações de serviços internacionais do **International Standard on Assurance Engagements (ISAE)**.

SOC 1, SOC 2 e SOC 3

As auditorias de serviço baseadas na estrutura do SOC se enquadram em duas categorias: SOC 1 e SOC 2, que se aplicam aos serviços de nuvem. Um **relatório SOC 1** documenta os controles de uma organização de serviços que podem ser relevantes para relatórios financeiros. A declaração sobre normas para compromissos de atestado (SSAE 18) e as normas internacionais para compromissos de garantia (ISAE 3402) são os padrões sob os quais a auditoria é realizada e são a base do relatório SOC 1.

O **SOC 2** é um relatório que avalia sistemas de informação de uma organização relevantes para segurança, disponibilidade, integridade de processamento e confidencialidade ou privacidade. Um compromisso de atestado de acordo com a Seção 101 dos Padrões de Atestado (AT) é a base dos relatórios SOC 2 e SOC 3.

Os auditores também podem criar um **relatório SOC 3**, que é uma versão abreviada do relatório de auditoria SOC 2 Tipo 2 para usuários que desejam segurança sobre os controles do provedor de *cloud*, mas não precisam de um relatório SOC 2 completo.

Um relatório SOC 3 é uma versão curta e pública do relatório de atestado SOC 2 Tipo 2, para usuários que desejam garantias sobre os controles do provedor de serviços em nuvem, mas não precisam de um relatório SOC 2 completo.[27]

Esses relatórios são atualizados regularmente e gerados por empresas independentes. Por exemplo, o último relatório SOC 3 do Azure + Dynamics 360 foi executado pela **Deloitte & Touche LLP** e atesta que a Microsoft oferece segurança, disponibilidade, integridade no processamento e confidencialidade; e o da AWS foi executado pela **Ernst & Young LLP**.

É muito importante ressaltar que nem todos os controles são de responsabilidade do provedor, e algumas tecnologias de segurança devem ser aplicadas por você, como habilitar auditoria, *firewall* ou algum recurso de autenticação mais avançado. Essas são medidas importantes e que certamente irão aumentar a segurança e permitir o monitoramento do que está acontecendo no ambiente da sua nuvem.

Isso é chamado de responsabilidade compartilhada, e é sua função aplicar e manter a segurança, que dependerá do serviço contratado, por exemplo:

---

27. O relatório SOC 3 do Azure pode ser baixado em: https://servicetrust.microsoft.com.

- infraestrutura como serviço (IaaS);
- plataforma como serviço (PaaS);
- software como serviço (SaaS).

Sabemos que existem diversos benefícios em utilizar serviços na nuvem, principalmente no que diz respeito à segurança e à conformidade, pois muitos recursos são aplicados e gerenciados pelo provedor e possuem alto nível de complexidade, sem contar com os custos, que seriam inviáveis para implantar no seu próprio *data center*. Mas, como estamos vendo, nem tudo será provido pela empresa. Um bom exemplo está no gerenciamento de identidade e acesso, que quase sempre é responsabilidade do cliente.

Algumas exigências da LGPD podem ser facilmente atendidas com funcionalidades oferecidas por provedores de *cloud*. Vou deixar alguns pontos importantes para você levar em consideração no momento da contratação ou na pesquisa para descobrir se o seu provedor fornece esses recursos. Um claro exemplo é que, tanto na nuvem como nos ambientes *on-premises*, é comum encontrar uma enorme quantidade de dados, entre os quais dados pessoais e dados pessoais sensíveis. Dê preferência aos provedores que possuem ferramentas que consigam varrer seus diretórios tanto na sua estrutura local como na nuvem. Ao encontrar esses dados, é possível automaticamente classificar e proteger essas informações de acordo com definições criadas por você.

Outro fator importante é a questão da transferência internacional de dados:

CAPÍTULO V
DA TRANSFERÊNCIA INTERNACIONAL DE DADOS

Art. 33. A transferência internacional de dados pessoais somente é permitida nos seguintes casos:

> I - para países ou organismos internacionais que proporcionem grau de proteção de dados pessoais adequado ao previsto nesta Lei;
>
> II - quando o controlador oferecer e comprovar garantias de cumprimento dos princípios, dos direitos do titular e do regime de proteção de dados previstos nesta Lei, na forma de:
>
> a) cláusulas contratuais específicas para determinada transferência;
>
> b) cláusulas-padrão contratuais;
>
> c) normas corporativas globais;
>
> d) selos, certificados e códigos de conduta regularmente emitidos;

Portanto, é importante conhecer como é feita a distribuição de *data centers* do provedor, onde seu conteúdo será armazenado nas soluções contratadas por você e a região geográfica desse armazenamento. Certamente você terá como controlar onde deseja armazenar e/ou replicar os dados.

São vários os recursos a serem avaliados por você ao trabalhar com um provedor de *cloud*:

- criptografia para dados em trânsito ou em repouso (*at rest*);
- controles de acesso de múltiplos fatores e gerenciamento de identidade;
- padrões e certificações;
- monitoramento e registro de *logs* (consulte o capítulo sobre *logs*).

AZURE E MICROSOFT 365

Não é segredo que eu sou um grande entusiasta das tecnologias da Microsoft, e não seria diferente com os recursos de Cloud

Microsoft, como o Azure ou o Microsoft 365. O Microsoft 365 reúne a melhor produtividade do Office 365 com gerenciamento e segurança de dispositivos.

Um exemplo é o Microsoft 365 Business, que possui ferramentas que permitem varrer seus diretórios em sua estrutura local e no website do SharePoint, buscando por dados sensíveis. Quando essas informações forem encontradas, esses serviços vão permitir que você classifique e proteja esses dados a partir de políticas definidas e então tome ações para gerenciar o ciclo de vida dos dados.

Para dados que estão em sua em infraestrutura local, os clientes do Microsoft 365 podem utilizar uma camada de proteção adicional para a criptografia de arquivos por meio do **Azure Information Protection** e ainda garantir que esses arquivos não sejam acessados sem autorização, mesmo que transferidos para repositórios não criptografados, como dispositivos USB e e-mails.

Outra solução interessante que nos auxilia no processo de descoberta de dados é o **O365 Content Search**. Essa ferramenta permite que você execute pesquisas de descoberta eletrônica em grandes volumes de conteúdo, sem limitação do número de pesquisas que podem ser realizadas ao mesmo tempo. Você pode usar essa ferramenta para pesquisar itens nos seguintes serviços do Office 365:

- pastas públicas e caixas de correio do Exchange online;
- websites do SharePoint online e contas do OneDrive for Business;
- conversas do Skype for Business;
- Microsoft Teams;
- grupos do Office 365;
- grupos do Yammer.

Todos esses serviços devem estar sempre aliados com gestão de identidade, que conta com o Azure Active Directory (AAD), permitindo o uso de Single Sign-On (SSO), único em aplicativos, uso de múltiplos fatores de autenticação, autoatendimento para redefinição de senha e solicitação de acesso a aplicativos na nuvem.

TREINAMENTOS E CAMPANHAS DE CONSCIENTIZAÇÃO

Sempre ouvi a frase "Segurança da informação é tarefa de todos". Existe uma outra que diz que "o ser humano é o elo mais fraco da segurança da informação". Há uma grande verdade nessas frases e, como ainda não desenvolveram um *patch* de correção de seres humanos, vamos ao menos ensiná-lo como se livrar das principais (e muitas) armadilhas que o cercam.

Com a LGPD, temos agora mais um grande motivo para treinar os usuários da empresa a se conscientizarem de que agora existe uma regulamentação que envolve o tratamento de dados pessoais e que cada pessoa na empresa deve entender e saber o seu papel diante dessa regulamentação. As chances de uma empresa em que os funcionários foram treinados e conscientizados sobre as regulamentações da LGPD sofrer com multas e advertências serão muito menores.

O treinamento é importante pois os dados pessoais podem ser tratados muitas vezes, direta ou indiretamente. E, sem o conhecimento ao menos básico da LGPD, os usuários podem iniciar um novo processo de tratamento para agilizar uma tarefa, o que certamente é feito com a melhor das intenções, porém ferindo a **política de segurança da corporação** e as **leis**.

Recentemente, participei de uma reunião em que um cliente meu estava em processo de migração, pois sua empresa acabara de fechar uma nova aquisição. Durante a conversa, para entender mais sobre a infraestrutura e os servidores, ficamos sabendo que uma equipe de vendas interna da empresa usara um computador pessoal, instalara um sistema de banco de dados e cadastrara informações relacionadas às campanhas de vendas. Como o sistema deles era mais simples e permitia exportar para o sistema oficial da empresa, esse "servidor" foi identificado pelos técnicos responsáveis pela migração e já possuía uma quantidade grande de usuários e dados. Seria o banco de dados um software original? Os dados armazenados estavam protegidos? São situações como essa que podem caracterizar situações de risco para os negócios.

Criar e aplicar um treinamento de conscientização não vai ser fácil, pois, por mais simples que os assuntos de segurança ou os assuntos que estamos tratando neste livro possam parecer para você, eles podem parecer algo de outro mundo para um usuário comum. Mas sabemos que segurança da informação sempre desperta a curiosidade, e se você utilizar recursos modernos, simples e objetivos, vai ter sucesso nessa tarefa. Tudo vai depender do público-alvo; por isso é importante criar parcerias para alcançar as pessoas da maneira correta.

Tratamos antes neste livro sobre a **política de segurança da informação**, que é um conjunto de orientações e regras a serem seguidos. É com base nesse documento que podemos planejar um treinamento. Afinal, ele será um guia dos procedimentos adotados pela empresa e que todos deverão seguir.

Nas empresas em que eu trabalhei e nas que eu conheço e vejo um pouco do dia a dia, os treinamentos foram, em sua maioria, automatizados e estão em sistema de ensino a distância (EAD). Costumam ser pequenos vídeos que explicam alguns conceitos e o usuário recebe um "diploma" de participação ao terminar de assistir a sequência, dizendo que assistiu ao treinamento e que está ciente de sua responsabilidade. Acho muito válido e gosto dessa tecnologia, mas nunca me convenci de que os usuários realmente entenderam as mensagens e que entendem a grande responsabilidade que possuem depois de concluir essa tarefa.

Ensinar realmente é uma tarefa complexa, e para essa situação vale a pena criar métodos mais práticos e didáticos a fim de fazer com que os usuários absorvam bem o conhecimento.

Você pode utilizar diversos recursos para fornecer esse treinamento, por exemplo:

- uma página de internet interativa com vídeos e instruções;
- folhetos ilustrados;
- boletins por e-mail;
- seminários presenciais;
- palestras com café da manhã.

Eu acredito que até o uso de vídeos curtos para visualização em redes sociais corporativas tenha bons efeitos e deva ser explorado.

Podemos nos espelhar na iniciativa do Comitê Gestor da Internet no Brasil (CGI.br), que criou a *Cartilha de Segurança para Internet*,[28] a qual pode ser distribuída na empresa. Para facilitar ainda mais a discussão e o entendimento de alguns tópicos da cartilha, eles ainda disponibilizam periodicamente fascículos organizados com a divulgação de conteúdos específicos.

Figura 16 – Cartilha de Segurança para Internet.

Você não deve fazer isso sozinho, a não ser que sua empresa

---

28. Acesse a cartilha em: https://cartilha.cert.br/.

seja muito pequena. Caso contrário, faça isso em conjunto com o RH e com o departamento de marketing. Essa tarefa pode e deve ser discutida no comitê interno da sua empresa que discute a LGPD.

A importância de criar treinamentos e campanhas de conscientização pode ser vista na LGPD na Seção II do Capítulo VII:

> **Seção II**
> **Das Boas Práticas e da Governança**
>
> Art. 50. Os controladores e operadores, no âmbito de suas competências, pelo tratamento de dados pessoais, individualmente ou por meio de associações, poderão formular regras de boas práticas e de governança que estabeleçam as condições de organização, o regime de funcionamento, os procedimentos, incluindo reclamações e petições de titulares, as normas de segurança, os padrões técnicos, as obrigações específicas para os diversos envolvidos no tratamento, as ações educativas, os mecanismos internos de supervisão e de mitigação de riscos e outros aspectos relacionados ao tratamento de dados pessoais.

RELATÓRIO DE IMPACTO À PROTEÇÃO DE DADOS PESSOAIS

O relatório de impacto à proteção de dados pessoais (RIPD), também conhecido como **Data Protection Impact Assessment (DPIA)**, é um documento muito importante no processo de conformidade com a LGPD e está relacionado ao princípio de responsabilidade, ajudando as empresas a provarem que tomaram medidas técnicas e necessárias na proteção da informação.

> O Relatório de impacto à proteção de dados pessoais é uma exigência legal.

Encontramos a referência ao relatório de impacto à proteção de dados pessoais no artigo 5º:

> Art. 5º Para os fins desta Lei, considera-se: [...]
> XVII - relatório de impacto à proteção de dados pessoais: documentação do controlador que contém a descrição dos processos de tratamento de dados pessoais que podem gerar riscos às liberdades civis e aos direitos fundamentais, bem como medidas, salvaguardas e mecanismos de mitigação de risco;

Vemos também uma referência a esse documento no parágrafo 3º do artigo 10, que trata dos requisitos para o tratamento de dados pessoais.

> § 3º A autoridade nacional poderá solicitar ao controlador relatório de impacto à proteção de dados pessoais, quando o tratamento tiver como fundamento seu interesse legítimo, observados os segredos comercial e industrial.

E, no artigo 38, no qual se refere aos controladores e operadores:

> Art. 38. A autoridade nacional poderá determinar ao controlador que elabore relatório de impacto à proteção de dados pessoais, inclusive de dados sensíveis, referente a suas operações de tratamento de dados, nos termos de regulamento, observados os segredos comercial e industrial.

Esse documento deverá ser criado pelo controlador (empresa controladora), e nele deverão constar todos os detalhes sobre os dados e como é feito o seu tratamento desde a coleta, o que inclui especificar a base legal usada até o fim do ciclo de vida, informação em que devem constar ainda todas as medidas utilizadas na proteção e na garantia da privacidade. Esse relatório deve ainda apresentar os riscos associados e os esforços utilizados para a mitigação deles.

Esse documento pode fazer a diferença frente à **Autoridade Nacional de Proteção de Dados (ANPD)** no momento de avaliação de um incidente ou uma auditoria, pois, uma vez que esteja muito bem documentado e detalhado como é executado o processo completo de tratamento de dados, a ANPD pode avaliar e definir como aplicará as possíveis penalidades.

O artigo 52 trata das sanções administrativas e deixa muito claro que, para uma defesa eficiente, um relatório de impacto à proteção de dados pessoais bem elaborado será essencial.

> Art. 52. Os agentes de tratamento de dados, em razão das infrações cometidas às normas previstas nesta Lei, ficam sujeitos às seguintes sanções administrativas aplicáveis pela autoridade nacional: [...]
>
> § 1º As sanções serão aplicadas após procedimento administrativo que possibilite a oportunidade da ampla defesa, de forma gradativa, isolada ou cumulativa, de acordo com as peculiaridades do caso concreto e considerados os seguintes parâmetros e critérios:
>
> I - a gravidade e a natureza das infrações e dos direitos pessoais afetados;
>
> II - a boa-fé do infrator;
>
> III - a vantagem auferida ou pretendida pelo infrator;
>
> IV - a condição econômica do infrator;
>
> V - a reincidência;
>
> VI - o grau do dano;
>
> VII - a cooperação do infrator;
>
> VIII - a adoção reiterada e demonstrada de mecanismos e procedimentos internos capazes de minimizar o dano, voltados ao tratamento seguro e adequado de dados, em consonância com o disposto no inciso II do § 2º do art. 48 desta Lei;
>
> IX - a adoção de política de boas práticas e governança;
>
> X - a pronta adoção de medidas corretivas; e
>
> XI - a proporcionalidade entre a gravidade da falta e a intensidade da sanção.

Se a empresa adotar e documentar no relatório as boas práticas de segurança aplicadas e as medidas de correção adotadas de forma bem esclarecida, terá oportunidade de defesa mais forte e com base sólida.

CONCLUSÃO

A lei é muito nova e o Brasil tem ainda um longo caminho para percorrer até que possamos alcançar de maneira efetiva os direitos fundamentais de liberdade, intimidade e privacidade de nossos dados.

Ao criar este livro, tive a intenção de nortear aqueles que estão em fase de adaptação e iniciando um projeto de conformidade com a LGPD. Tenho plena ciência de que este material ainda não cobre de maneira completa a nossa lei e de que existem diversos pontos de dúvidas e inconsistência ao ler o texto da LGPD. Por isso, recomendo que sempre faça o projeto junto a advogados especialistas, que poderão guiá-lo para que o entendimento e a interpretação dessa lei sejam claros e estejam alinhados com o seu negócio sem ferir a legislação.

Sabemos que ainda há a possibilidade de ocorrerem mudanças na lei, mas recomendo que as ações de tratamento seguras sejam postas em práticas muito antes.

Temos questões complexas, como a **Autoridade Nacional de Proteção de Dados (ANPD)** e como ela irá elaborar diretrizes para a Política Nacional de Proteção de Dados Pessoais e da Privacidade, além de como irá fiscalizar e aplicar sanções em caso de descumprimento da legislação.

Este é um enorme avanço nos direitos fundamentais de liberdade e de privacidade e certamente ajudará o Brasil a crescer cada vez mais.

APÊNDICE

MODELO DE POLÍTICA DE PRIVACIDADE E USO DE DADOS PESSOAIS

Bem-vindo(a)! Obrigado por utilizar a [nome da empresa]!

Quando você utiliza a [nome da empresa], você nos confia seus dados e suas informações, e nós nos comprometemos a manter esses dados protegidos por meio de sistemas de proteção.

Nesse sentido, este documento de política de privacidade explica de maneira clara e acessível como as suas informações e os seus dados serão coletados, usados, compartilhados e armazenados pelos nossos sistemas.

A aceitação da nossa política será feita quando você acessar ou utilizar o nosso website, o nosso aplicativo ou os nossos serviços. Isso indicará que você está ciente e em total acordo com a forma como utilizaremos as suas informações e os seus dados.

Para facilitar sua compreensão, a presente política está dividida da seguinte forma:

- Quais informações a [nome da empresa] coleta?
- Como a [nome da empresa] utiliza seus dados?
- Exclusão dos dados.
- Compartilhamento de informações.
- Atualização da política de privacidade e uso de dados pessoais.
- Lei aplicável.

Quais informações a [nome da empresa] coleta?

Nós coletamos informações que você nos fornece, como:

Dados pessoais – Quando você se cadastra na [nome da empresa], você fornece informações como nome, endereço de e-mail, CPF/CNPJ, data de nascimento, estado civil, número de telefone, foto, idade, sexo.

Dados pessoais sensíveis – Você poderá fornecer dados como orientação sexual, raça e opinião política, que são considerados sensíveis. Seus dados sensíveis serão utilizados para recomendação de produtos. Por meio dessa política, você concorda expressamente com a coleta, o uso e o compartilhamento desses dados nos termos aqui estabelecidos.

Portanto, em síntese, coletamos todas as informações ativamente disponibilizadas pelo usuário na utilização do nosso website ou da nossa plataforma.

Como a [nome da empresa] utiliza seus dados?

Nós, da [nome da empresa], prezamos muito pela sua privacidade. Por isso, todos os dados e informações sobre você são tratados como confidenciais, e somente utilizaremos essas informações para os fins aqui descritos e autorizados por você para que você possa utilizar os serviços da [nome da empresa] de forma plena, visando sempre melhorar a sua experiência como cliente.

Por meio desta política, a [nome da empresa] fica autorizada a utilizar seus dados para:

- permitir acesso a recursos e funcionalidades do ambiente da [nome da empresa];
- enviar mensagens como alertas, notificações e atualizações;
- comunicar sobre produtos, serviços, promoções, notícias, atualizações, eventos e outros assuntos em que você possa ter interesse;

- personalizar serviços para que possam se adequar cada vez mais aos seus gostos e interesses;
- criar novos serviços, produtos e funcionalidades;
- entender melhor o seu comportamento e construir perfis comportamentais.

Eventualmente, poderemos utilizar dados para finalidades não previstas nesta política de privacidade, mas estas estarão dentro das suas legítimas expectativas. O eventual uso dos seus dados para finalidades que não cumpram com essa prerrogativa será feito mediante sua prévia autorização.

Exclusão dos dados

Todos os dados coletados serão excluídos de nossos servidores quando você assim requisitar, por procedimento gratuito e facilitado, ou quando estes não forem mais necessários ou relevantes para lhe oferecermos os nossos serviços, salvo se houver qualquer outra razão para a sua manutenção, como eventual obrigação legal de retenção de dados ou necessidade de preservação destes para resguardo de direitos da [nome da empresa].

Compartilhamento de informações

A [nome da empresa] pode compartilhar as informações que coleta, inclusive seus dados sensíveis, com parceiros comerciais, anunciantes, patrocinadores e provedores de serviços, sempre que for possível e de forma anônima, visando preservar a sua privacidade. Por meio deste documento, você autoriza expressamente tais compartilhamentos.

A [nome da empresa] se reserva o direito de fornecer dados e informações sobre você, incluindo interações suas, caso seja requisitada judicialmente para tanto, ato necessário para que a empresa esteja em conformidade com as leis nacionais, ou caso você autorize expressamente.

Todos os seus dados são confidenciais e somente as pessoas com as devidas autorizações terão acesso a eles. Qualquer uso desses dados estará de acordo com a presente política. A [nome da empresa] empreenderá todos os esforços razoáveis de mercado para garantir a segurança dos nossos sistemas e dos seus dados.

Nossos servidores são protegidos e controlados para garantir a segurança e podem ser acessados somente por pessoas previamente autorizadas.

Todas as suas informações, principalmente os dados sensíveis, serão, sempre que possível, criptografadas, caso isso não inviabilize o seu uso pela plataforma. A qualquer momento você poderá requisitar cópia dos seus dados armazenados em nossos sistemas. Manteremos os dados e as informações somente até quando estes forem necessários ou relevantes para as finalidades descritas nesta política, ou em caso de períodos pré-determinados por lei, ou até quando esses dados forem necessários para a manutenção de interesses legítimos da [nome da empresa].

Todavia, não temos como garantir completamente que todos os dados e informações sobre você em nossa plataforma estarão livres de acessos não autorizados, principalmente caso haja compartilhamento indevido das credenciais necessárias para acessar o nosso aplicativo. Portanto, você é o único responsável por manter sua senha de acesso em local seguro e é vedado o compartilhamento desta com terceiros. Você se compromete a notificar o ITSEC.LAB imediatamente, por um canal seguro, a respeito de qualquer uso não autorizado de sua conta, bem como o acesso não autorizado por terceiros a esta.

Atualização da política de privacidade e uso de dados pessoais

A [nome da empresa] se reserva o direito de alterar essa política quantas vezes forem necessárias, visando fornecer a você mais segurança e conveniência e melhorar cada vez mais a sua experiência. É por isso que é muito importante que você acesse nossa política periodicamente. Para facilitar, indicamos no início do documento a data da última atualização. Caso sejam feitas alterações relevantes que ensejem novas autorizações suas, publicaremos uma nova política de privacidade, sujeita novamente ao seu consentimento.

Lei aplicável

Este documento é regido e deve ser interpretado de acordo com as leis da República Federativa do Brasil. Fica eleito o Foro da Comarca de São Paulo, São Paulo, como o competente para dirimir quaisquer questões porventura oriundas do presente documento, com expressa renúncia a qualquer outro, por mais privilegiado que seja.

MODELO DE DECLARAÇÃO DE PRIVACIDADE

Esta política de privacidade, [título da política de privacidade], é aplicável ao website [endereço do website] e a quaisquer outros websites de propriedade da [nome da empresa] e operacionalizados por ela.

Esta política de privacidade rege as informações que coletamos quando você utiliza este ou qualquer um de nossos produtos ou websites. Esta política também delineia nossas práticas específicas com relação à coleta, ao uso, ao tratamento, à transferência e/ou ao armazenamento de dados pessoais (conforme definido a seguir) em conexão com compra, acesso ou uso de nossas aplicações de software.

Para os fins desta política de privacidade, "parceiros de negócios" são subcontratados, vendedores ou outras entidades com as quais mantemos relações comerciais para fornecimento de produtos, serviços ou informações, assim como nossos distribuidores e revendedores. "Afiliadas" são entidades legais de propriedade ou controladas pela mesma entidade que a [nome da empresa]. "Dados pessoais" são as informações que podem, direta ou indiretamente, identificá-lo como pessoa, como nome, número de telefone, endereço, informações de pagamento e endereço de e-mail ou outras informações similares.

Nós poderemos buscar seu consentimento explícito para tratar certos dados pessoais coletados neste website ou voluntariados por você. Por favor, note que qualquer consentimento será voluntário. Caso você não forneça o consentimento solicitado para o tratamento de seus dados pessoais ou caso você posteriormente informe a [nome da empresa] (de acordo com a seção "Contatos" a seguir) que você não deseja que a [nome da empresa] continue a tratar seus dados pessoais, o uso (contínuo) de certas ofertas ou serviços poderá não ser possível ou ser limitado em seu escopo.

Dados pessoais coletados por nós

Os dados pessoais que solicitamos poderão incluir endereço de e-mail, endereço residencial, informações de pagamento e número de telefone. Nós poderemos também coletar informações demográficas, como informações de seu negócio ou empresa, idade, gênero, interesses, preferências e localização geográfica. Os formulários que você decidir completar indicarão se a informação solicitada é mandatória ou voluntária.

Nós poderemos coletar informações sobre suas visitas a este website, incluindo as páginas visualizadas por você, os links e as propagandas em que você clica, termos de pesquisa digitados por você e outras ações tomadas por você relacionadas a este website. Nós poderemos também coletar certas informações quando você visita este website ou websites de terceiros, como seu endereço de protocolo de internet (IP), tipo de *browser* e linguagem, número de acessos, localizador uniforme de recursos (URL) do website que o direcionou ao nosso website e para qual URL você é direcionado se clicar em um link em nossos websites. Nós poderemos também coletar informações quando você abrir mensagens de e-mail enviadas por nós ou clicar em links presentes nessas mensagens de e-mail.

Nós poderemos combinar a informação que coletamos como resultados de suas interações conosco com informações obtidas por meio de outras fontes dentro de nossas empresas afiliadas ou subsidiárias por várias razões, inclusive para oferecer a você uma experiência mais consistente e personalizada conosco. Nós poderemos também suplementar as informações que coletamos com informações obtidas de outras fontes.

Como utilizamos seus dados pessoais
Nós utilizamos seus dados pessoais para:

- entregar produtos e suporte ou realizar as transações que você solicitou;
- fins de contabilidade e faturamento;
- enviar comunicações a você, como o *status* de sua transação (por exemplo, confirmação de pedidos), informações sobre produtos e serviços disponíveis em nosso portfólio e empresas afiliadas ou subsidiárias, anúncios de eventos, notificações importantes de produtos, incluindo aquelas anunciando mudanças em nossos termos e políticas, informações sobre programas particulares dos quais você optou por participar, pesquisas, ofertas promocionais e outras comunicações relacionadas;
- outros usos que poderão ser necessários ou úteis para fornecermos os serviços que você adquiriu;
- publicitar ou comercializar nossas linhas de produto de software pela distribuição de anúncios direcionados neste ou em outros websites;
- administrar, customizar, personalizar, analisar e melhorar nossos produtos, serviços (incluindo o conteúdo e anúncios neste website), tecnologias, comunicações e relacionamentos com você;
- aplicar nossas condições de venda, termos do website e/ou contrato separados (se aplicáveis), para você;

- prevenir fraude e outras atividades proibidas ou ilegais;
- proteger a segurança ou integridade deste website, nosso negócio ou nossos produtos e serviços;
- ou de qualquer outra forma, conforme divulgado a você no ponto de coleta ou como requerido ou permitido por lei.

Transferência de dados pessoais

Os dados pessoais que coletamos podem ser armazenados e tratados nos Estados Unidos da América ou em qualquer outro país onde as entidades representadas por nossas empresas afiliadas e subsidiárias ou parceiros de negócios mantêm instalações. Nós asseguramos que tal armazenamento e tratamento está sujeito a níveis apropriados de proteção para salvaguardar seus dados pessoais.

Notificação de violação

A [nome da empresa] assume sua responsabilidade no gerenciamento de segurança e conformidade de forma muito séria. A [nome da empresa] definiu políticas, processos e controles destinados a assegurar a proteção de seus dados pessoais, incluindo uma variedade de estratégias de segurança concebidas para prevenir acessos não autorizados aos seus dados pessoais.

A [nome da empresa] avalia e responde a relatórios de incidentes que podem envolver acessos não autorizados a dados pessoais. Se tomarmos conhecimento de que dados pessoais foram comprometidos ou extraviados, nós reportaremos tal ação ou atividade para você em conformidade com as exigências legais e/ou contratuais vigentes.

Destinatários de dados pessoais

Nós podemos compartilhar dados pessoais com nossas empresas afiliadas e subsidiárias ou nossos parceiros de negócios para realizar as transações que você solicitou, para fazer com que nossa atividade atenda melhor às suas necessidades, para fornecer a você informações sobre nossos produtos e serviços, ou para pesquisa e análise. Nós podemos também divulgar dados pessoais em resposta a ordens legais de agências policiais ou outros órgãos governamentais, conforme seja exigido por lei ou regulamentação; para proteger nossos direitos, bem como os de nossas empresas afiliadas ou subsidiárias, nossos clientes, o público ou outros; para combater fraude ou atividade criminosa, sempre com seu consentimento.

Além disso, podemos compartilhar dados pessoais com parceiros de negócios que nos auxiliam ou com nossas empresas afiliadas ou subsidiárias para desempenhar transações solicitadas por você, ou para personalizar, analisar e/ou melhorar nossa comunicação ou relação de negócio com você. Esses parceiros de negócios podem incluir uma processadora de pagamentos para faturar o pagamento pelos serviços que você utilizou e um provedor de serviço de e-mail para enviar mensagens em nosso nome. Essas comunicações podem incluir solicitações relacionadas aos nossos produtos ou serviços. Nós compartilharemos apenas dados pessoais com parceiros de negócios que compartilham do nosso compromisso com a proteção dos seus dados pessoais. Exceto da forma descrita acima, nós não divulgamos dados pessoais para terceiros com suas próprias finalidades de *marketing*, salvo se você tiver nos dado seu consentimento.

Coleta e uso de dados pessoais de crianças
Nós levamos a sério a privacidade de crianças, e por isso não coletamos dados pessoais de menores de 13 anos por meio deste website. Se você tem menos de 13 anos de idade, pedimos que não envie quaisquer dados pessoais por meio deste website sem o consentimento expresso e a participação de um responsável.

BIBLIOGRAFIA

Brasil, Presidência da República. *Lei n. 13.709, de 14 de agosto de 2018. Lei Geral de Proteção de Dados Pessoais (LGPD)*. Brasília, DF: Diário Oficial da União.

Ferreira, F. N. F., & Araújo, M. T. (2008). *Política de segurança da informação*. 2. ed. Rio de Janeiro: Ciência Moderna.

Peck Pinheiro, P. (2018). *Proteção de dados pessoais: comentários à Lei n. 13.709/2018 (LGPD)*. São Paulo: Saraiva.

Esta obra foi composta em Minion Pro 11 pt e impressa em
papel Offset 75 g/m² pela gráfica Paym.